ママとわたしのおそろいバッグ

就是愛親子手作包
～超特別彩繪型染印～

塚田紀子◎著

王慧娥◎譯

最近市面上有很多既素雅，觸感又好的亞麻布、棉布、廚房擦拭布（kitchen cloth）。

用這些布料縫製手工藝品，相信一定很棒，只不過……可能會單調了點。

如果能加上型染印圖案的點綴，一定能增添作品的時尚感。

型染印是一種使用型版描繪圖案的手工藝，

使用型版可讓「不擅長畫圖」的人也不必擔心。

發揮自由的創意，使用自己喜愛的顏色，描繪在自己喜歡的位置上。

即使是簡單素雅的袋子、或是單調的布製小物，只要描上獨一無二的圖案，

即可賦予與眾不同的風味。

「我想和女兒提同一款的袋子」、「我想讓孩子上學的時候用這個」……

本書為了滿足讀者以上的需求，介紹了各式各樣的袋子與布製小物。

型染印的圖案大小、配置、配色，可依個人喜好而改變，

希望各位能享受製作的快樂以及使用的樂趣。

―――――― 塚田紀子

contents

小巧好做、輕巧好用的
簡便迷你包 4

幼稚園到小學都適合的
兒童提袋 14

親子同款的
母女包與小配件 36

方便收納整理的
創意小物 84

小巧好做、輕巧好用的
簡便迷你包

手提袋
flat bag

簡單好做的手提袋，只需在袋布縫上提把即可。
重點在水洗過後的帆布上，描繪自己喜歡的型染印圖案。

手提袋

◎材料

【1件的材料】

布料…帆布40×55cm

極細毛線、型染印顏料…各適量

＊在縫製之前或之後印上型染印均可。

〔製圖〕

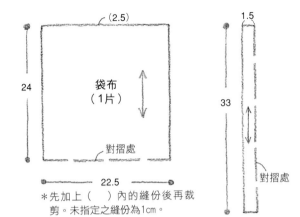

(2.5)

24

袋布
（1片）

對摺處

22.5

1.5

33

對摺處

＊先加上（ ）內的縫份後再裁
剪。未指定之縫份為1cm。

型染印的圖案（放大成200%）

平針繡

I 縫合側邊

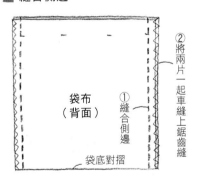

袋布
（背面）

①縫合側邊

②將兩片一起車縫上鋸齒縫

袋底對摺

平針繡

2 縫製提把

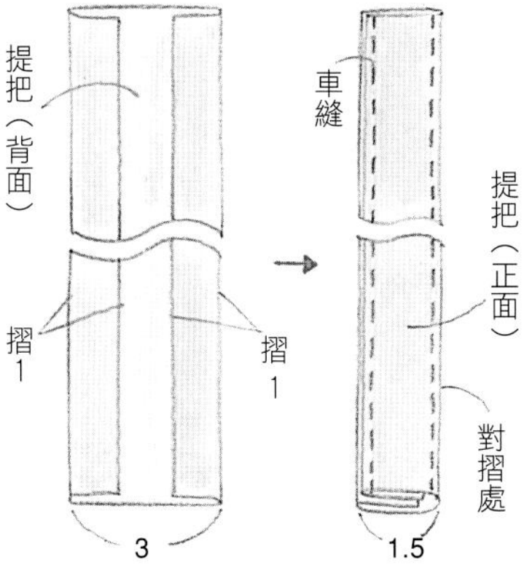

提把（背面）

車縫

提把（正面）

摺 1   摺 1

對摺處

3   1.5

3 縫合袋口

將提把夾在中間，摺三摺後車縫

1.5

夾住

5

袋身（背面）

提把

②車縫

①將提把往上摺

袋身（背面）

緞面繡

法式結粒繡

輪廓繡

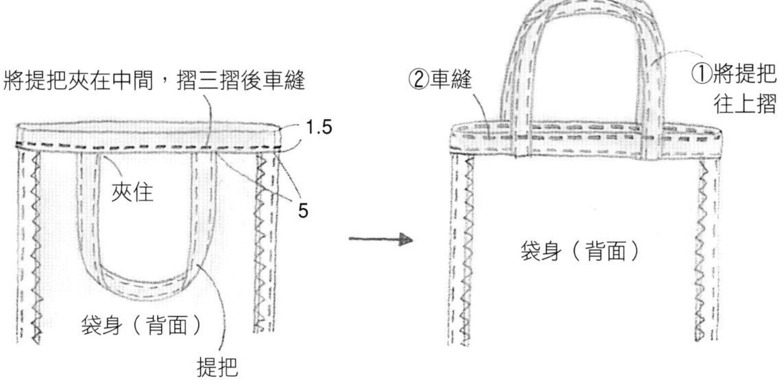

＊刺繡均使用單線毛線

緞面繡

（正面）

法式結粒繡

緞面繡

回針繡

輪廓繡

輪廓繡

回針繡

flat bag

7

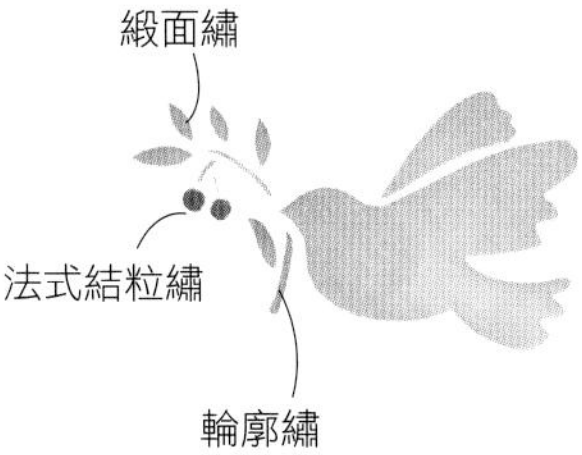

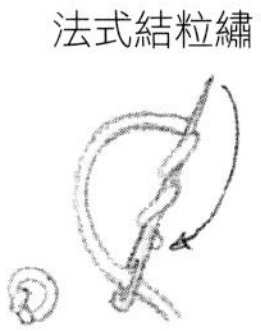

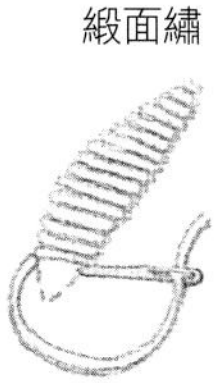

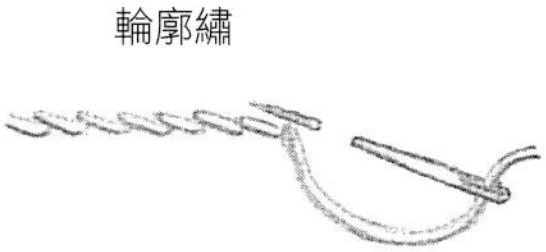

彈簧口夾包
spring bag

以彈簧口夾開合袋口的小包包。
可改變提帶的長度,變身為手提
包或肩背包。
此外,型染印的圖案上,另加上
少許刺繡點綴,更顯與眾不同的
風味。

彈簧口夾包

◎材料

〔綠色、紫色（共通）〕

布料…亞麻布（表袋上布）40×10cm；

圓點布、印花布等（表袋下布）20×15
cm；印花布、格紋布等（裡袋布）20×
35cm

亞麻織帶…長20cm、寬1cm（綠色）；
長70cm、寬1cm（紫色）

彈簧口夾…寬11cm1個

活動鉤…內徑0.9cm 2個（只有綠色袋子
使用）

25號刺繡線、型染印顏料…各適量

＊在縫合表袋上布之前，先將布攤平再進
　行型染印作業，操作起來較為方便。

〔製圖〕

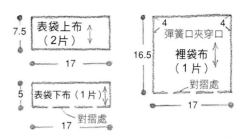

表袋上布
（2片）
7.5　17

表袋下布（1片）
5　17　對摺處

彈簧口夾穿口
4　4
裡袋布
（1片）
16.5　17　對摺處

＊先加上1cm縫份之後再裁剪

1 縫合表袋布與裡袋布，縫出袋身厚度

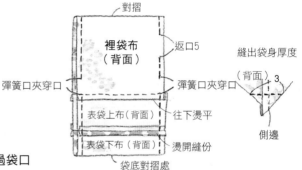

對摺
裡袋布（背面）
返口5
彈簧口夾穿口
彈簧口夾穿口
表袋上布（背面）
往下燙平
表袋下布（背面）
燙開縫份
袋底對摺處
縫出袋身厚度
（背面）3
側邊

2 翻至正面

翻至正面，並以挑縫縫合返口

裡袋（正面）
表袋上布（正面）
表袋下布（正面）

3 縫合袋口

①將裡袋套進裡面
②車縫
2

4 將彈簧口夾穿過袋口

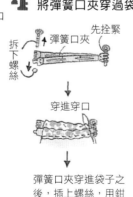

先拴緊
彈簧口夾
拆下螺絲
穿進穿口
彈簧口夾穿進袋子之
後，插上螺絲，用鉗
子撐開下面固定
螺絲
彈簧口夾
鉗子

5 縫製提帶

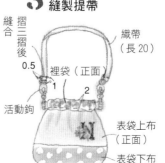

縫合
摺三摺後
0.5
裡袋（正面）
1　2
活動鉤
織帶（長20）
表袋上布（正面）
表袋下布（正面）

＊型染印圖案請見p.27

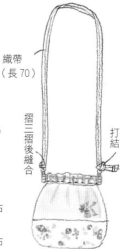

織帶（長70）
摺三摺後縫合
打結

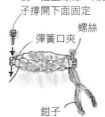

廚房擦拭布的斜背包
kitchen cloth shoulder bag

直接使用廚房擦拭用布，只須往下摺，
然後縫起來，輕輕鬆鬆就變成斜背包。
原本就縫在布料上的標籤，
還可以用來當成鈕扣環。

how to make page 11

廚房擦拭布的斜背包

◎材料
【灰色、原色（共通）】
廚房擦拭布…47×35cm 1片
亞麻織帶、斜紋織帶…各長120cm、寬2cm
鈕扣…直徑3cm 1個
布條、25號刺繡線、
型染印顏料…各適量

＊在縫製之前或之後印上型染印均可。

廚房擦拭布
〔製圖〕

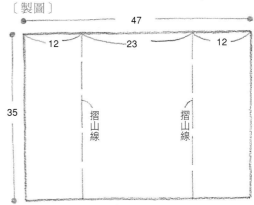

47

12　　23　　12

35

摺山線　　摺山線

1 縫合中央與底部

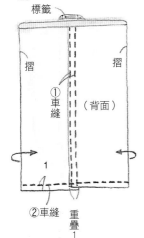

標籤
摺　　摺
①車縫　（背面）
1
②車縫　重疊1

2 縫製肩帶

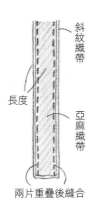

斜紋織帶
長度
亞麻織帶
兩片重疊後縫合

3 縫上肩帶與鈕扣

扣帶
11
摺1
（正面）2
縫上肩帶
縫上鈕扣
10

型染印的圖案（原尺寸大小）

＊在布條上印上型染印圖案

束口袋三件組

束口袋是收納小東西不可或缺的要角,如果能縫
製大小不同的尺寸,用起來更方便。而袋子一角
的字母+圖案刺繡,發揮了畫龍點睛的點綴效

束口袋三件組

◎材料

布料…亞麻布長110cm、寬30cm
斜紋織帶…長120cm、寬2cm
25號刺繡線、型染印顏料…各適量

＊在縫製之前或之後印上型染印均可。

〔製圖〕

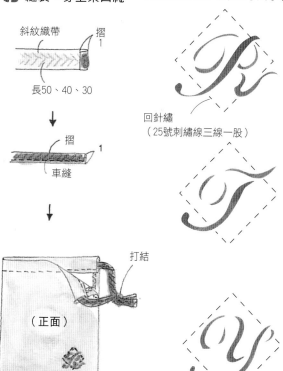

袋布
（1片）

5
5
3.5

17.5
16
12

縫止點

對摺處

14
13.5
11

＊三個並列的數字中，依序為大、中、小束口袋的尺寸。只有一個數字時，則為共通的尺寸

＊先加上（）內的縫份後再裁剪。未指定之縫份為1cm

1 縫合側邊與底部

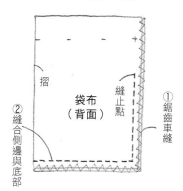

摺
袋布（背面）
縫止點
①鋸齒車縫
②縫合側邊與底部

2 縫合開口與袋口

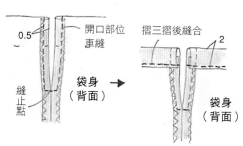

0.5
開口部位車縫
袋身（背面）
縫止點

摺三摺後縫合
2
袋身（背面）

3 縫製、穿上束口繩

斜紋織帶
摺
1

長50、40、30

摺
1
車縫

（正面）
打結

型染印的圖案（原尺寸大小）

回針繡
（25號刺繡線三線一股）

＊其他文字參照p.26、回針繡的繡法參照p.7

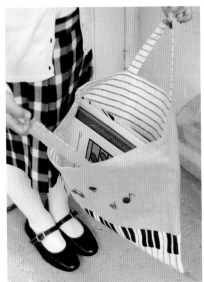

幼稚園到小學都適合的
兒童提袋

14

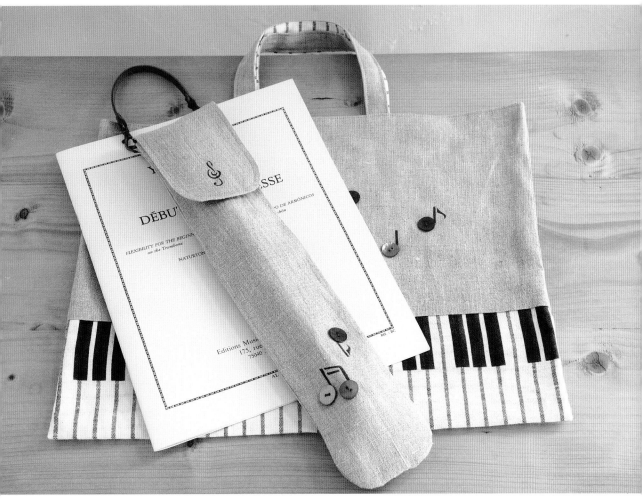

才藝包與直笛袋

lesson bag, recorder case

才藝包使用條紋布,並加上了型染印,描出鋼琴的鍵盤,
最適合上鋼琴課的時候使用。
直笛袋和才藝包一樣,上面也點綴了鈕扣與型染印組成的音符圖案。

才藝包
與直笛袋

◎材料

布料…亞麻布（才藝包與直笛袋的表布）60
×90cm；條紋布（才藝包的底布與裡布）110
×50cm；素面布（直笛袋的裡布）30×60cm
鈕扣…直徑1.5cm 10個（顏色隨個人喜好）
D扣環…內徑1cm 2個
亞麻織帶…長10cm、寬1cm
皮革提把（附彈簧扣）…長23cm 1條
磁扣…直徑1cm 1組
25號刺繡線、型染印顏料…各適量

＊在縫製之前先印上型染印。

〔製圖〕

才藝包

40

表袋布
（2片）

20

30

10

對摺處

表底布
（1片）

提把（表布、裡布各2片）

30

2

直笛袋

8

表袋布、裡袋布（各2片）

38

3

3 2.5 2.5

8

13

2.5 2.5

袋蓋（表布、裡布各1片）

＊先加上1cm
的縫份後再
裁剪

直笛袋

1 印上型染印

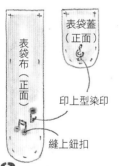

表袋布（正面）

表袋蓋（正面）

印上型染印

縫上鈕扣

2 縫製袋蓋

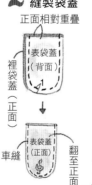

正面相對重疊

表袋蓋（背面）

裡袋蓋（正面）

1

車縫

表袋蓋（正面）

翻至正面

3 分別縫合表袋布與裡袋布

正面相對重疊

表袋布（背面）

1

1 10

裡袋布（背面）

10

保留返口不縫

車縫

車縫

4 重疊表袋與裡袋，
將袋蓋夾在中間，縫合袋口

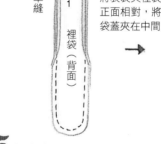

袋蓋

車縫

1

裡袋（背面）

將表袋與裡袋
正面相對，將
袋蓋夾在中間

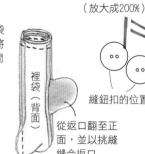

裡袋（背面）

從返口翻至正
面，並以挑縫
縫合返口

型染印的圖案
（放大成200%）

縫鈕扣的位置

5 縫合袋口，
縫上織帶與磁扣

1.5

前面

①車縫袋口

9

③磁扣

③磁扣

後面

②車縫

穿上
D扣環

1.5

亞麻織帶
（長4）

6 扣上提把

將皮革提把
扣在D扣環

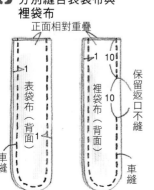

才藝包

1 拼接表袋布、縫上提把

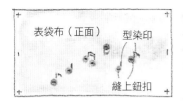

表袋布（正面）　型染印

縫上鈕扣

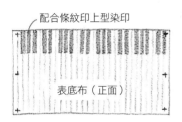

配合條紋印上型染印

表底布（正面）

②縫製提把，並用疏縫固定在袋子上

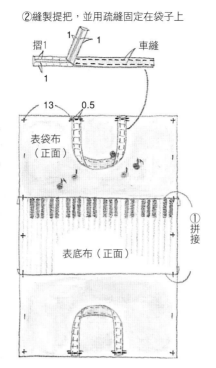

摺1　　1　　1　　車縫

1

13　　0.5

表袋布（正面）

①拼接

表底布（正面）

型染印的圖案
（放大成200%）

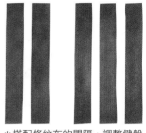

縫鈕扣的位置

*搭配條紋布的間隔，調整鍵盤
　的寬度

2 縫合表袋布、裡袋布的側邊

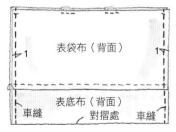

表袋布（背面）　1

1

車縫　表底布（背面）　車縫
　　　對摺處

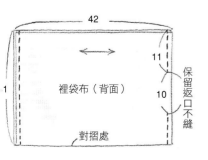

42

裡袋布（背面）　11

1　　　　　　　　10

保留返口不縫

對摺處

3 重疊表袋與裡袋，縫合袋口

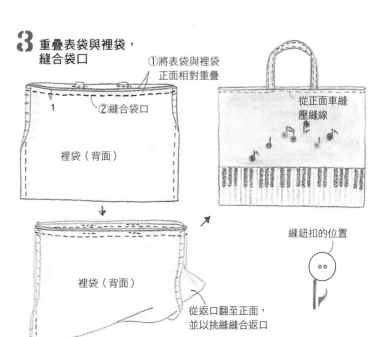

①將表袋與裡袋正面相對重疊

1　　②縫合袋口

裡袋（背面）

裡袋（背面）

從返口翻至正面，並以挑縫縫合返口

從正面車縫壓縫線

縫鈕扣的位置

HOUSE

才藝包與室內鞋袋

lesson bag, shoes bag

各種款式的才藝包與室內鞋袋，尺寸均相同。
簡單素雅的亞麻布，點綴著各種型染印的圖案，
接下來就先挑選孩子們偏愛的圖形花樣吧。

才藝包與室內鞋袋

◎材料

【花朵、海洋風（通用）】

布料…亞麻布（才藝包與室內鞋袋的表布）；印花布（才藝包與室內鞋袋的裡布）各長110cm、寬70cm

花邊織帶…兩色各長130cm、寬0.6cm

斜紋織帶…長90cm、寬2cm

繩子…0.5cm粗　10cm長

刺繡貼片、25號刺繡線、型染印顏料…各適量

【汽車、幸運草（通用）】

布料…亞麻布（才藝包與室內鞋袋的表布）長110cm、寬45cm；圓點布（才藝包與室內鞋袋的表袋下布、裡袋布、提把裡布）長110cm、寬90cm

花邊織帶…長130cm、寬0.6cm（只有汽車有）

繩子…0.5cm粗　10cm長

刺繡貼片、25號刺繡線、型染印顏料…各適量

＊在縫製之前或之後印上型染印均可。

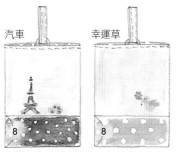

汽車　　幸運草

＊除了底布拼接之外，其餘作法均與花朵款相同

室內鞋袋（花朵）

〔製圖〕

20

表袋布、裡袋布（各1片）

27

對摺處

20

2

提把（1片）

＊先加上1cm的縫份後再裁剪

1 製作、縫上提把

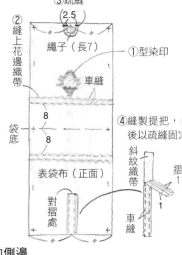

③疏縫（2.5）

②縫上花邊織帶

繩子（長7）

①型染印

車縫

袋底

8

8

④縫製提把，然後以疏縫固定

斜紋織帶

摺1

表袋布（正面）

對摺處

車縫

2 縫合表袋布、裡袋布的側邊

表袋布（背面）

1　　1

車縫

對摺

裡袋布（背面）

11

1

10

保留返口不縫

對摺處

3 縫合袋口

將表袋與裡袋正面相對重疊

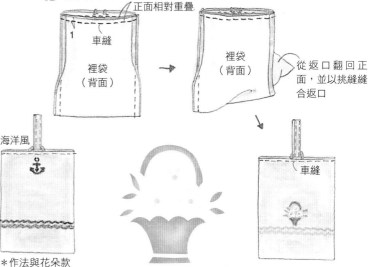

1

車縫

裡袋（背面）

裡袋（背面）

從返口翻回正面，並以挑縫縫合返口

車縫

海洋風

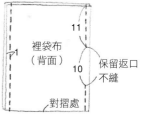

＊作法與花朵款相同

才藝包（花朵）

＊尺寸參照p.16、作法參照p.17（底布拼接除外）

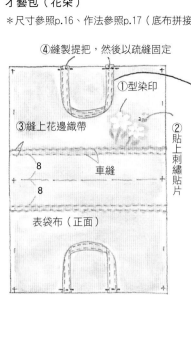

④縫製提把，然後以疏縫固定

①型染印

③縫上花邊織帶

②貼上刺繡貼片

8

8

車縫

表袋布（正面）

摺1
斜紋織帶
車縫
摺1

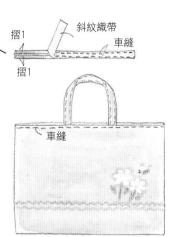

車縫

海洋風

刺繡貼片

鎖鍊繡
（25號刺繡線三線一股）

鎖鍊繡

＊製圖參照p.16、作法參照p.17

幸運草

刺繡貼片

汽車

將花邊織帶縫在拼接
線的位置上

型染印的圖案
（放大成200%）

how to make
page
24

便當袋組合

lunch bag, cup bag, petbottle case, luncheon mat

特別為男孩與女孩準備的便當袋組合。

以型染印的方式,在布條上印上名字或喜歡的圖案,讓孩子們一眼就能認出自己的便當袋。

圓繩╱HOBBYRA HOBBYRE

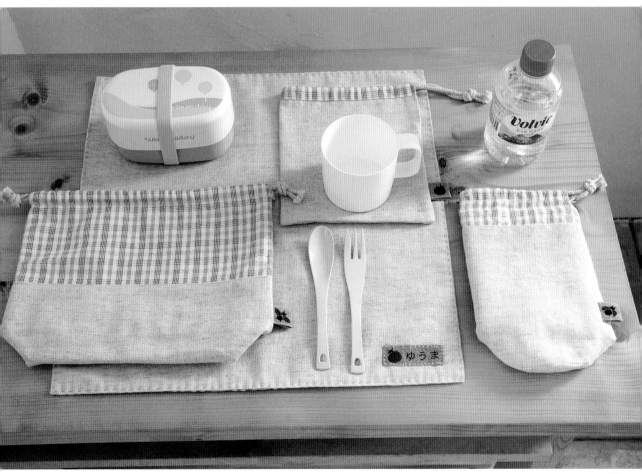

便當袋組合

◎材料

【粉紅色】

布料…亞麻布（便當袋的表底布、水壺袋的表布、杯子袋的袋布、餐巾的表布）長110cm、寬50cm；小格紋布（便當袋的A布與裡袋布、杯子袋的袋口布、餐巾的裡布）長110cm、寬50cm；印花布（便當袋的B布）、大格紋布（便當袋的C布）各20×15cm；條紋布（便當袋的D布、水壺袋的袋口布）50×20cm；蜂窩紋布（水壺袋的裡布）30×20cm

圓繩…粗0.5cm 長210cm

亞麻織帶…長30cm、寬2cm

25號刺繡線、型染印顏料…各適量

【藍色】

布料…麻布（便當袋的表底布、水壺袋的表布、杯子袋的袋布、餐巾的表布）長110cm、寬50cm；大格紋布（拼接在便當袋表袋上的裡袋布、杯子袋的袋口布、餐巾的裡布）長110cm、寬50cm；蜂窩紋布（水壺袋的裡布）30×20cm

圓繩…粗0.5cm 長210cm

亞麻織帶…長30cm、寬2cm

25號刺繡線、型染印顏料…各適量

＊先在亞麻織帶印上型染印。

便當袋（粉紅色）

〔製圖〕

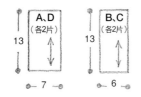

A、D（各2片）13 / 7

B、C（各2片）13 / 6

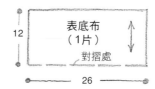

表底布（1片）12 / 對摺處 / 26

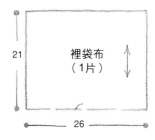

裡袋布（1片）21 / 26

＊先加上1cm的縫份後再裁剪

1 縫合表袋布

A B C D 0.2

表底布（正面）車縫

袋底

D C B A

2 將表袋布與裡袋布正面相對重疊，然後縫合

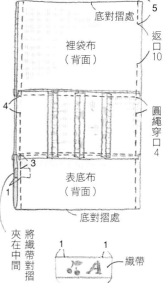

底對摺處 / 5 / 返口10

裡袋布（背面）

圓繩穿口4

4 / 3 / 1

表底布（背面）

底對摺處

將織帶對摺，夾在中間

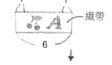

1 / 1 / 織帶 / A / 6

縫出側邊厚度（背面）

6

側邊

3 縫合袋口，穿上圓繩

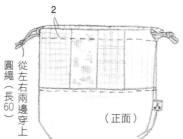

2

圓繩（長60）從左右兩邊穿上

（正面）

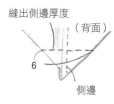

水壺袋

〔製圖〕

對摺處
袋口布（1片）
圓繩穿口4
1.5
1.5
7
13.5

底
（表布、裡布
各1片）
8.5

表袋布、
裡袋布
（各1片）
15
對摺處
13.5

＊先加上1cm的縫份
後再裁剪

1 縫合表袋布、袋口布、裡袋布

① 正面相對縫合
裡袋布（背面）
袋口布（背面）
0.2
② 壓縫線
表袋布（背面）
對摺處

2 縫合側邊

裡袋布（背面）
4
不縫
8
保留返口
圓繩穿口
對摺處
表袋布（背面）
將織帶對折，夾在中間
1
3.5

織帶
1　1
6

3 縫合表袋布與表底布

表底布（背面）
車縫
表袋布（背面）
燙開縫份
＊以相同方式縫合
裡袋布與裡底布

4 縫合袋口，穿上圓繩

1.5
圓繩（長35）
（正面）

型染印的圖案（原尺寸大小）

＊字母的圖案參照p.26，平假名的圖案參照p.27

杯子袋

〔製圖〕

袋口布（1片）
對摺處
3.5
16

開口4
袋布（1片）
16
對摺處
16

＊先加上1cm的縫份後再裁剪

1 縫合袋口布、側邊、袋底

袋口布（背面）
袋布（背面）
縫止點
1
側邊對摺
將織帶對摺，夾在中間
1
鋸齒車縫
1　1
6

2 縫合袋口，穿上圓繩

袋口布（正面）
1.9
0.2
1.6
（正面）
圓繩（長50）

餐巾

〔製圖〕

表布、裡布
（各1片）
40
40

1 正面相對重疊，縫合外圍

（背面）
1
1
返口10
1
＊平針繡、回針繡的繡法參照p.6～7

2 縫上壓縫線、縫上織帶

平針繡
（正面）
摺1
回針繡
2
2　6
織帶

25

便當袋（藍色）

〔製圖〕

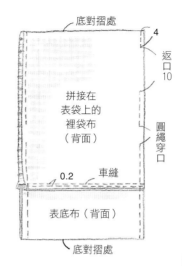

11　袋口　9

34

拼接在
表袋上
的裡袋布
（1片）

圓繩穿口
4

對摺處

26

12

表底布
（1片）

對摺處

*先加上1cm的縫份後再裁剪

底對摺處

4

返口
10

拼接在
表袋上的
裡袋布
（背面）

圓繩穿口

0.2　車縫

表底布（背面）

底對摺處

（正面）

*參照p.24粉紅色的步驟3

型染印的圖案（原尺寸大小）

*亦可左右相反使用

型染印的圖案p.22、28（原尺寸大小）

A B C D E F G H I
J K L M N O P Q R
S T U V W X Y Z

型染印的圖案p.12（放大成200%）

A B C D E F G H I J K L
M N O P Q R S T U V W
X Y Z

A B C D E F G H I
J K L M N O P Q
R S T U V W X Y Z

雛菊繡
（刺繡線
三線一股）

雛菊繡

型染印的圖案p.22、34、62（原尺寸大小）

あ　い　う　え　お　　ま　み　む　め　も

か　き　く　け　こ　　や　ゆ　よ

さ　し　す　せ　そ　　ら　り　る　れ　ろ

た　ち　つ　て　と　　わ　を　ん　゛　゜　ー

な　に　ぬ　ね　の　　っ　ゃ　ゅ　ょ

は　ひ　ふ　へ　ほ

兒童提袋

便當袋組合

lunch bag, cup bag, petbottle case, luncheon mat

27

運動休閒袋組合

sportswear bag, shoes bag, ball bag

大的束口袋用來裝運動服，小的束口袋當鞋袋。
背包型的束口袋則可以放籃球、足球等。
有了這一組袋子之後，即使騎著沒有車籃的自行車，仍然能兩手穩穩握住把手、安全騎車。

布、圓繩／HOBBYRA HOBBYRE

運動休閒袋組合

◎材料

布料…條紋亞麻布（袋布）長110cm、寬70cm、素面亞麻布（拼貼布）40×20cm
圓繩…粗0.5cm　長390cm
亞麻織帶…長20cm、寬2cm
型染印顏料…適量

＊先在拼貼布、亞麻織帶印上型染印。

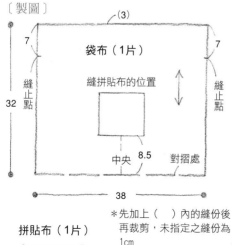

球袋
〔製圖〕

袋布（1片）

縫拼貼布的位置

中央　8.5　對摺處

縫止點　縫止點

32

7　7

38

(3)

拼貼布（1片）

9

10

＊先加上（ ）內的縫份後再裁剪，未指定之縫份為1cm

運動服袋袋、鞋袋
〔製圖〕

袋布（1片）

縫拼貼布的位置

中央
9
7

對摺處

30
26

29
20

(3.5)

7

縫止點

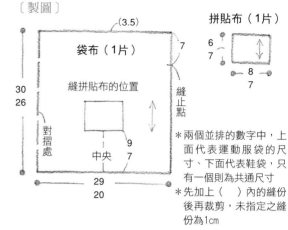

拼貼布（1片）

6
7

8
7

＊兩個並排的數字中，上面代表運動服袋的尺寸，下面代表鞋袋，只有一個則為共通尺寸
＊先加上（ ）內的縫份後再裁剪，未指定之縫份為1cm

運動服袋

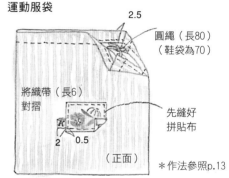

2.5

圓繩（長80）（鞋袋為70）

將織帶（長6）對摺

先縫好拼貼布

2　0.5

（正面）

＊作法參照p.13

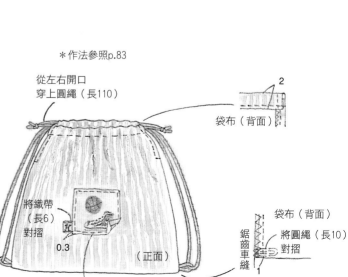

＊作法參照p.83

從左右開口穿上圓繩（長110）

2

袋布（背面）

將織帶（長6）對摺

0.3

（正面）

先縫好拼貼布

袋布（背面）

鋸齒車縫

將圓繩（長10）對摺

1

型染印的圖案（放大成200%）
＊字母的圖案參照p.26

型染印的圖案p.54
（放大成200%）

型染印的圖案p.82（放大成140%）

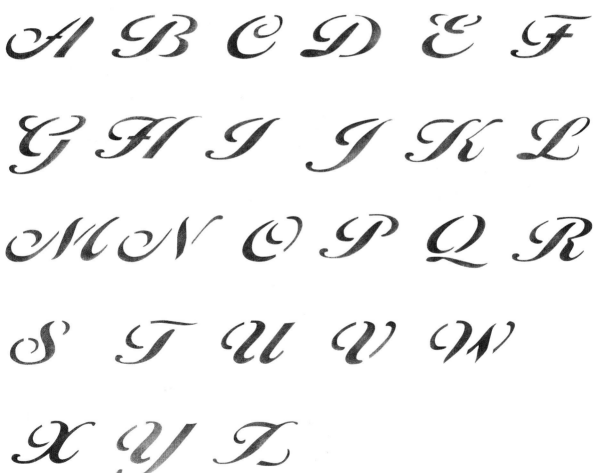

束口袋三件組

sacks

專為女孩準備的束口袋三件組。
大的束口袋可用來裝運動服、鞋子，
小的束口袋則可以當成放小東西的收納袋。

束口袋三件組

◎材料

布料…大圓點亞麻布（大、中束口袋的A布）40×50cm、素面亞麻布（大、中、小束口袋的B布）50×30cm、小圓點亞麻布（大、中、小束口袋的C布）60×50cm

羅紋緞帶…長380cm、寬0.7cm

型染印顏料…適量

＊在縫製之前或之後印上型染印均可。

大、中束口袋

〔製圖〕

袋布A（2片）

(4)
7
2
6.5
29
20

緞帶穿口 2

袋布B（2片）

12
29
20

袋布C（1片）

12
10
對摺處
29
20

＊先加上（　）內的縫份後再裁剪。未指定之縫份為1cm
＊兩個並排的數字中，上面代表大束口袋的尺寸，下面代表中束口袋，只有一個則為共通尺寸

型染印的圖案（放大成200%）

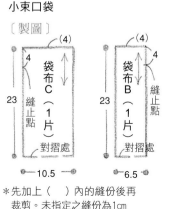

小束口袋

〔製圖〕

(4)
4
袋布C（1片）
23
縫止點
對摺處
10.5

(4)
4
袋布B（1片）
23
縫止點
對摺處
6.5

＊先加上（　）內的縫份後再裁剪。未指定之縫份為1cm

1 拼接A、B、C布，縫合側邊

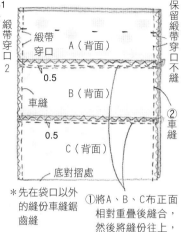

保留緞帶穿口不縫

緞帶穿口 2
A（背面）
0.5
B（背面）
車縫
0.5
C（背面）
底對摺處

②車縫

＊先在袋口以外的縫份車縫鋸齒縫

①將A、B、C布正面相對重疊後縫合，然後將縫份往上，並車縫固定

2 縫合袋口，穿上緞帶

車縫
1
（背面）

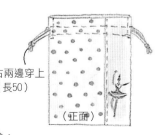

從左右兩邊穿上緞帶（長80、60）

（正面）

兒童提袋　　束口袋三件組

1 拼接B、C布，縫合側邊

縫止點
C（背面）
B（背面）
縫止點
底對摺處
縫止點

②摺成正面相對，並將側邊縫至縫止點

＊先在袋口以外的縫份車縫鋸齒縫

0.1

①將B、C布正面相對重疊縫合，縫份往B倒，並車縫固定

2 縫合袋口，穿上緞帶

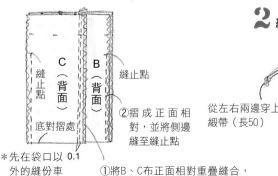

從左右兩邊穿上緞帶（長50）

（正面）

sacks

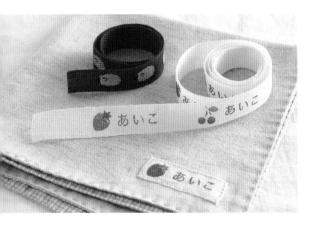

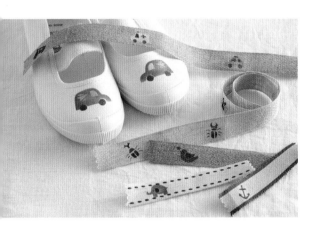

用型染印標示姓名

孩子們就讀幼稚園、小學的時候，
物品、用具全都需要標上姓名。
對於忙碌的媽媽而言，可說是一件麻煩的
工作。不過只利用型染印的方式，
姓名標示就能變得輕鬆又簡單。
接下來就試著在緞帶、徽章、吊飾上，
印上孩子的名字與可愛的圖案吧。

用型染印標示姓名

◎材料
【拼布片（1件的材料）】
布料…亞麻布10×10cm
25號刺繡線、型染印顏料…各適量
【四方形吊飾（1件的材料）】
布料…亞麻布15×10cm
波浪形織帶…長30cm、寬0.6cm
棉花…少許
型染印顏料…適量
【圓形吊飾（1件的材料）】
布料…亞麻布15×10cm
包扣…直徑3cm 2個
波浪形織帶…長30cm、寬0.6cm
木珠…直徑0.8cm 1個
麻繩…30cm
型染印顏料…適量

＊在縫製之前先印上型染印。

拼布片

〔製圖〕

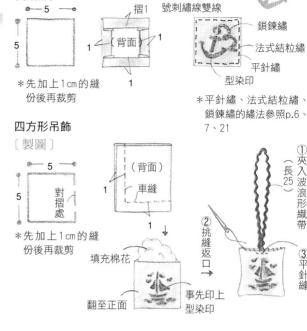

＊先加上1cm的縫份後再裁剪

＊刺繡部分均使用25號刺繡線雙線

鎖鍊繡
法式結粒繡
平針繡
型染印

＊平針繡、法式結粒繡、鎖鍊繡的繡法參照p.6、7、21

四方形吊飾

〔製圖〕

＊先加上1cm的縫份後再裁剪

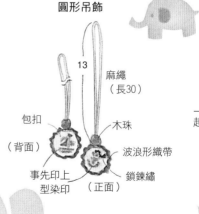

填充棉花
翻至正面
事先印上型染印

①夾入波浪形織帶（長25）
②挑縫返口
③平針縫

圓形吊飾

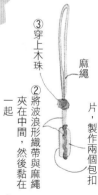

麻繩（長30）
包扣（背面）
木珠
波浪形織帶
事先印上型染印
鎖鍊繡
（正面）

①用印好型染印的布片，製作兩個包扣
②將波浪形織帶與麻繩夾在中間，然後黏在一起
③穿上木珠
麻繩

型染印的圖案（原尺寸大小）

＊平假名的圖案參照p.27

親子同款的
母女包與小配件

布、亞麻織帶／HOBBYRA HOBBYRE

阿嬷的軟布包

granny bag

有著圓形提把的阿嬷軟布包,從以前到現在都很受歡迎。媽媽的布包使用紫色亞麻布,上面搭配藍莓的圖案;小朋友的則是粉紅色的亞麻布,上面印了可愛的櫻桃圖案。

how to make
page 38

阿嬤的軟布包

◎材料

【媽媽的布包】

布料…紫色亞麻布（表袋布）長110cm、寬40cm、印花布（裡袋布、內口袋）長110cm、寬60cm、白色亞麻布（裝飾布）50×10cm

圓環提把…內徑14cm　1組

亞麻織帶…長100cm、寬0.8cm

型染印顏料…適量

【小朋友的布包】

布料…粉紅色亞麻布（表袋布）、印花布（裡袋布、內口袋）各長110cm、寬30cm；白色亞麻布（裝飾布）40×10cm

圓環提把…內徑9cm　1組

亞麻織帶…長70cm、寬0.5cm

型染印顏料…適量

＊先在裝飾布印上型染印。

3 縫合表袋布、裡袋布的側邊與底部

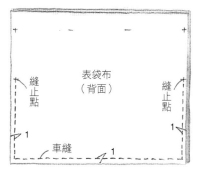

阿嬤的軟布包

〔製圖〕

表袋布（4.5）
裡袋布（不留縫份）

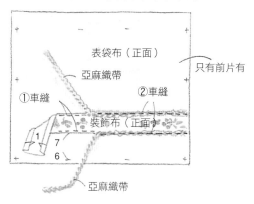

＊先加上（　）內的縫份後再裁剪。未指定之縫份為1cm

＊兩個並排的數字中，上面代表媽媽的布包尺寸、下面代表小朋友的尺寸，只有一個則為共通尺寸

1 將裝飾布與亞麻織帶縫在表袋布上

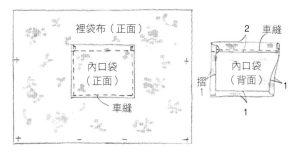

2 縫製內口袋，將內口袋縫在裡袋布上

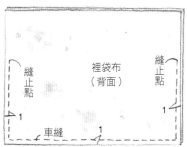

母女包與小配件

阿嬤的軟布包

granny bag

4 縫合表袋與裡袋，縫合開口

①將表袋與裡袋背面相對重疊

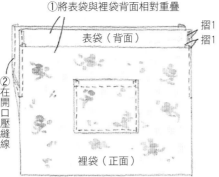

表袋（背面）

摺1
摺1

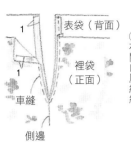

表袋（背面）

裡袋（正面）

車縫

側邊

②在開口壓縫線

裡袋（正面）

5 將圓環提把穿過袋口，然後以挑縫縫合

摺1

挑縫

表袋（正面）

以等間隔的方式，重複印上相同的型染印圖案

型染印的圖案（放大成200%）

型染印的圖案p.58（放大成200%）

ABCDEF
GHIJKL
MNOPQR
STUVWXYZ

型染印的圖案p.85（原尺寸大小）

abcdefghij
klmnopqr
stuvwxyz

阿嬤的軟布包、圍巾、裙子
granny bag, muffler, skirt

接下來要介紹的是阿嬤軟布包的秋冬款。
橡樹的果實、落葉的型染印，做成拼布片拼貼在布包上。
搭配成套的圍巾與裙子，在寒冷的天氣裡，快快樂樂出門去。

how to make
page
42

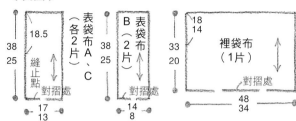

阿嬤的軟布包、圍巾、裙子

◎材料

【媽媽的布包、圍巾、裙子】

布料…米白色蘇格蘭毛料（布包的A布）、灰色蘇格蘭毛料（布包的C布）各40×40cm；亞麻布（布包的B布、拼貼布、裙子、腰帶）、法蘭絨布（圍巾的基底布、裙子的裙襯）各長110cm、寬190cm；小格紋布（包包的裡袋布）50×70cm；毛紗布（圍巾的邊布）40×30cm

藤製提把…底部尺寸18cm 1組

鬆緊帶…長70cm、寬2cm

極細毛線、型染印顏料……各適量

【小朋友的布包、圍巾】

布料…米白色蘇格蘭毛料（布包的A布、圍巾的邊布A）、灰色蘇格蘭毛料（布包的C布、圍巾的邊布C）各50×30cm；亞麻布（布包的B布、拼貼布、圍巾的裡布）30×90cm；小格紋布（包包的裡袋布）40×50cm；毛紗布（圍巾的基底布）20×60cm

藤製提把…內徑9cm 1組

極細毛線、型染印顏料……各適量

＊拼貼布與裙子的型染印，在縫製之前或之後印染均可。

＊裙子的尺寸為M～L。

軟布包

〔製圖〕

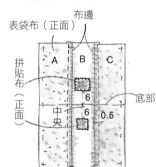

＊兩個並排的數字中，上面代表媽媽的軟布包尺寸、下面代表小朋友的尺寸。

＊先加上1cm的縫份後再裁剪。

＊媽媽的軟布包要拼接底部。

拼貼布（2片）

小朋友的布包

＊作法參照p.38

型染印的圖案（放大成200%）

毛邊繡

母女包與小配件

阿嬤的軟布包、圍巾、裙子

granny bag, muffler, skirt

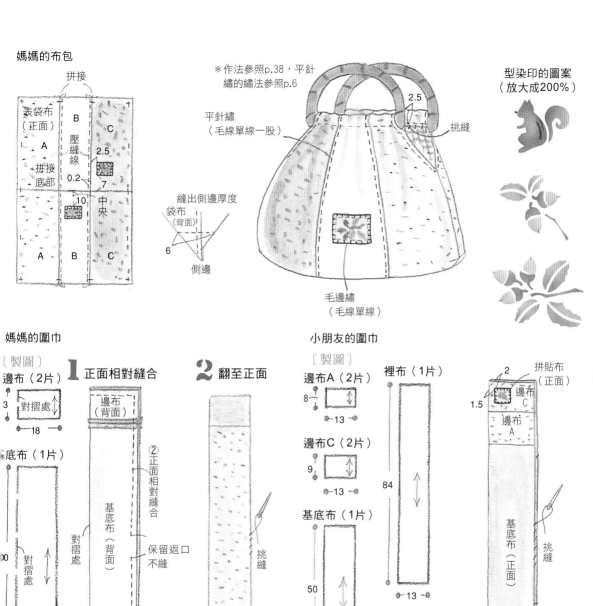

媽媽的布包

拼接

表袋布（正面）

B A 拼接底部

壓縫線

C 2.5 0.2 7 10 中央

A B C

*作法參照p.38，平針繡的繡法參照p.6

平針繡（毛線單線一股）

2.5

挑縫

縫出側邊厚度

袋布（背面）

6 側邊

毛邊繡（毛線單線）

型染印的圖案（放大成200%）

媽媽的圍巾

〔製圖〕

邊布（2片）

3 對摺處 18

底布（1片）

對摺處

對摺處

1 正面相對縫合

邊布（背面）

基底布（背面）

對摺處

①拼接

邊布（背面）

② 正面相對縫合

保留返口不縫

2 翻至正面

挑縫

小朋友的圍巾

〔製圖〕

邊布A（2片）

8 13

邊布C（2片）

9 13

基底布（1片）

50 13

拼貼布（2片）

4 4

*先加上1cm的縫份後再裁剪。

裡布（1片）

84 13

2

1.5

拼貼布（正面）

邊布 C

邊布 A

基底布（正面）

挑縫

拼接

毛邊繡（毛線單線）

邊布 C

拼貼布（正面）

邊布A

2 1.5

*先加上1cm的縫份後再裁剪。

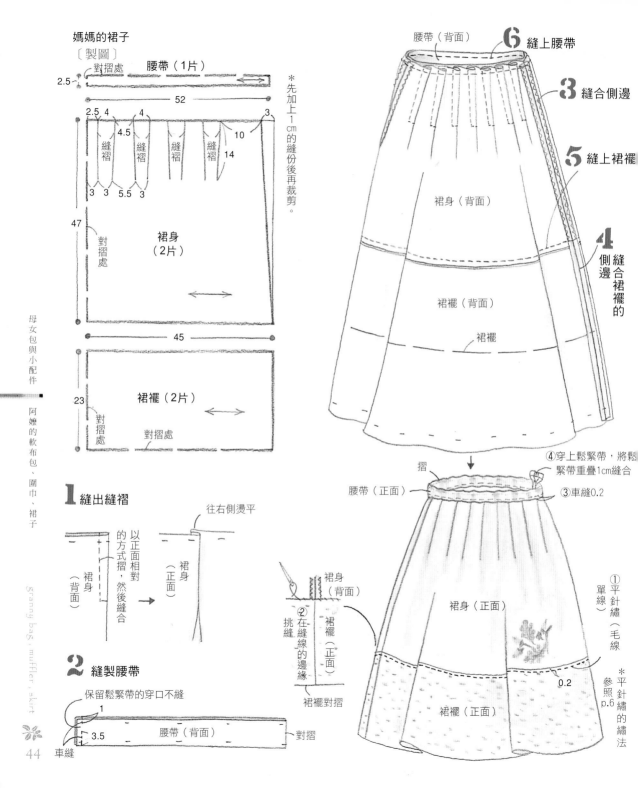

媽媽的裙子

〔製圖〕

腰帶（1片）

對摺處

2.5

52

2.5 4   4   3

4.5   10

縫褶 縫褶 縫褶 縫褶   14

3 3 5.5 3

47

對摺處

裙身（2片）

＊先加上1cm的縫份後再裁剪。

45

23

對摺處

裙襬（2片）

對摺處

1 縫出縫褶

往右側燙平

以正面相對的方式摺，然後縫合。

裙身（背面）

裙身（正面）

2 縫製腰帶

保留鬆緊帶的穿口不縫

1

3.5

腰帶（背面）

對摺

車縫

腰帶（背面）   **6** 縫上腰帶

3 縫合側邊

5 縫上裙襬

裙身（背面）

4 縫合裙襬的側邊

側邊

裙襬（背面）

裙襬

摺

腰帶（正面）

④穿上鬆緊帶，將鬆緊帶重疊1cm縫合

③車縫0.2

裙身（背面）

②在縫線的邊緣挑縫

裙襬（正面）

裙襬對摺

裙身（正面）

裙襬（正面）

①平針繡（毛線・單線）

0.2

＊平針繡的繡法參照p.6

A B C D E
F G H I J K
L M N O P
Q R S T U
V W X Y Z

母女包與小配件 阿嬤的軟布包、圍巾、裙子

granny bag , muffler , skirt

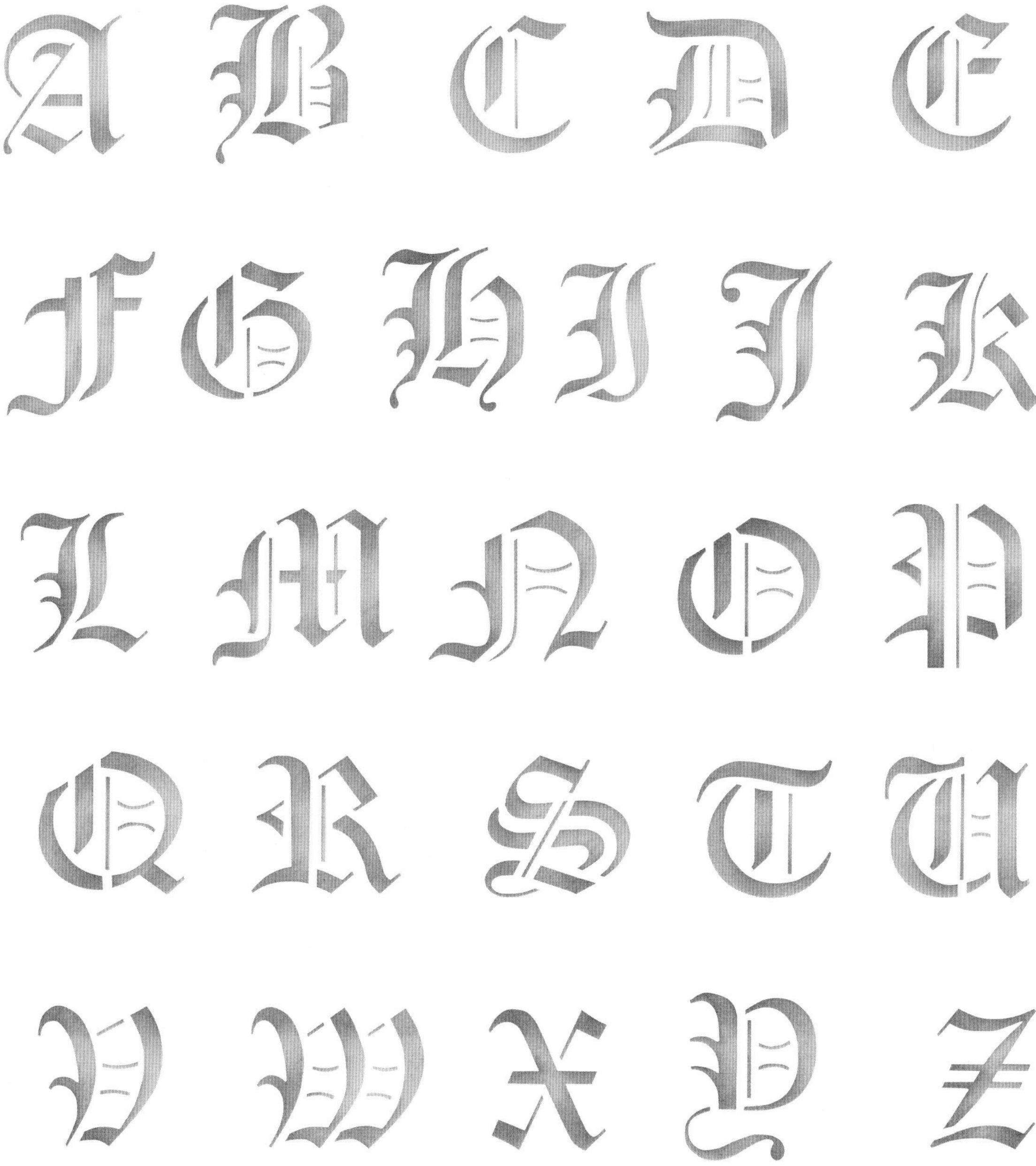

托特包Part 1
tote bag

水桶形的托特包，看起來小巧，容量卻不小。
媽媽的托特包有橄欖葉的圖案裝飾，小朋友的則是漿果的葉子。
兩個包包上還加上了鈕扣與水晶珠組成的果實綴飾。

布、鈕扣、串珠／HOBBYRA HOBBYRE

托特包Part 1

◎材料

【媽媽的托特包】
布料…亞麻布（表袋布、提把）、印花布
（裡袋布、內口袋）各長110cm、寬70cm
鈕扣…直徑1.5cm 適量
接著襯…長110cm、寬70cm
厚接著襯…20×10cm
型染印顏料…適量

【小朋友的托特包】
布料…亞麻布（表袋布、提把）、印花布
（裡袋布、內口袋）各70×60cm
水晶珠…4mm算珠形施華洛世奇水晶珠適量
接著襯…70×60cm
厚接著襯…20×10cm
型染印顏料…適量

＊縫製之前先在表袋布燙貼接著襯。型染印在
　縫製之前或之後印染均可。鈕扣及水晶珠縫
　在個人喜好的位置上。

托特包

〔製圖〕

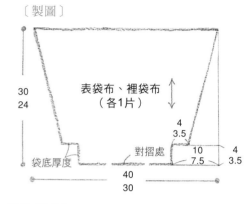

提把（2片）

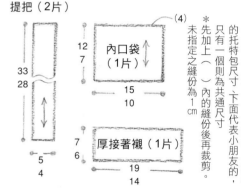

＊兩個並排的數字中，上面代表媽媽的托特包尺寸，下面則代表小朋友的，只有一個則為共通尺寸。
＊未加上（）內的縫份後再裁剪。
＊未指定之縫份為1cm。

---

1 將厚接著襯燙貼在袋底

＊也可以在縫製完成後放入厚紙板，
　以取代燙貼厚接著襯的步驟。

2 縫製內口袋，將內口袋縫在裡袋布上

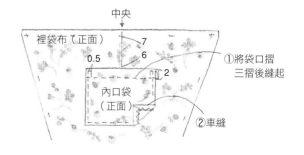

①將袋口摺三摺後縫起
②車縫

母女包與小配件　托特包

tote bag

3 縫製提把

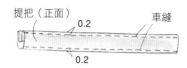

提把（正面）　　　　　　車縫
　　　　　0.2
　　　　　0.2

4 將表袋布與裡袋布正面相對重疊、縫合

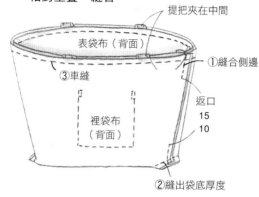

提把夾在中間
表袋布（背面）
③車縫
①縫合側邊
返口
15
10
裡袋布（背面）
②縫出袋底厚度

提把
裡袋（正面）
0.2
車縫
鈕扣
只有前面有
表袋（正面）

＊縫製方式與媽媽款的相同
水晶珠

型染印的圖案（放大成200%）

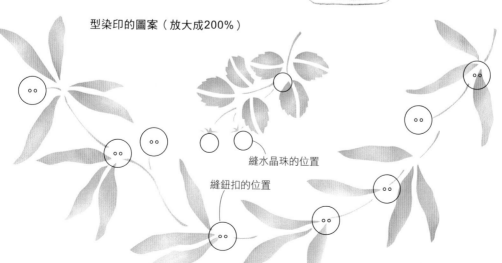

縫水晶珠的位置
縫鈕扣的位置

托特包Part 2

tote bag

亞麻織帶搭配海洋風圖案的托特包，

讓媽媽拿上街購物也綽綽有餘，而小朋友的則是迷你版的托特包。

另外還有行動電話袋，可吊掛在托特包的提把上。

how to make
page
52

布、亞麻織帶、圓繩／HOBBYRA HOBBYRE

托特包Part 2

◎材料

【媽媽的托特包、行動電話袋】

布料…素面亞麻布（包包的表袋上布、行動電話的表袋布）、條紋亞麻布（包包的表袋下布）各50×40cm；條紋棉布（包包的裡袋布、內口袋、行動電話的裡袋布）長110cm、寬60cm

亞麻織帶…（包包提把的正面、行動電話袋的蓋子）長110cm、寬2.8cm

棉布條…（包包提把的背面）長80cm、寬2.8cm

接著襯…50×70cm

圓繩…粗0.5cm 長30cm

活動扣環…3cm 1個

磁扣…直徑1cm 1組

型染印顏料…適量

【小朋友的托特包】

布料…素面亞麻布（包包的表袋上布）、條紋亞麻布（包包的表袋下布）各40×30cm；印花棉布（包包的裡袋布、內口袋）70×50cm

亞麻織帶…（包包提把的正面）長70cm、寬2.6cm

棉布條…（包包提把的背面）長70cm、寬2.6cm

接著襯…40×60cm

型染印顏料…適量

＊在縫製之前先印上型染印。

行動電話袋

〔製圖〕

表袋布、裡袋布
（各2片）

10

2

2

9

＊先加上1cm的縫份後再裁剪

圓繩（長20）

夾入1cm

磁扣

裡袋（正面）

1.5

0.5

0.5

0.2

1.5

活動扣環

磁扣

表袋（正面）

將亞麻織帶對摺

17

車縫

對摺

＊作法參照p.16

型染印的圖案（原寸大小）

托特包

〔製圖〕

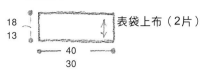

18
13
40
30
表袋上布（2片）

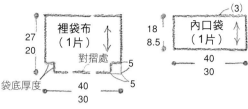

裡袋布
（1片）

27
20

對摺處

袋底厚度

40
30

5
5

(3)

內口袋
（1片）

18
8.5

40
30

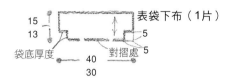

15
13
袋底厚度
40
30
表袋下布（1片）
對摺處
5
5

＊兩個並排的數字中，上面代表媽媽的尺寸、下面代表小朋友的尺寸，只有一個則為共通尺寸。
＊先加上（ ）內的縫份後再裁剪。未指定之縫份為1cm

1 拼接上下表袋布

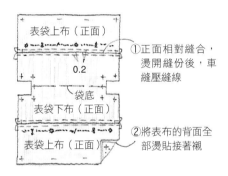

表袋上布（正面）

0.2

袋底

表袋下布（正面）

表袋上布（正面）

①正面相對縫合，燙開縫份後，車縫壓縫線

②將表布的背面全部燙貼接著襯

2 縫製內口袋，將內口袋縫在裡袋布上

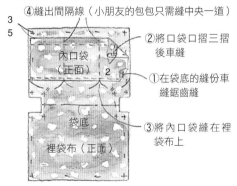

④縫出間隔線（小朋友的包包只需縫中央一道）

3
5

內口袋
（正面）

2

袋底

裡袋布（正面）

②將口袋口摺三摺後車縫

①在袋底的縫份車縫鋸齒縫

③將內口袋縫在裡袋布上

3 縫製提把

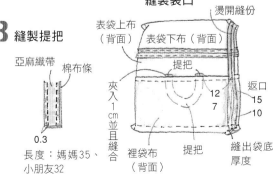

亞麻織帶　棉布條

0.3

長度：媽媽35、小朋友32

4 縫合表袋與裡袋，縫製袋口

表袋上布（背面）
表袋下布（背面）
燙開縫份

提把

夾入1cm並且縫合

裡袋布（背面）

提把

返口

12
7

15
10

縫出袋底厚度

5 翻至正面，縫合袋口

0.3

2

車縫

摺3

裡袋（正面）

Marine Marine Marine Marine Marine

表袋上布（正面）

表袋下布（正面）

肩背包與後背包
shoulder bag, rucksack

印染著旅行圖案的肩背包與後背包，利用織帶與刺繡等裝飾，
配上法國國旗的紅、白、藍三種顏色，整合包包的風格，變成時髦的包包組。

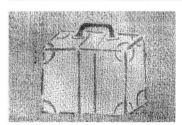

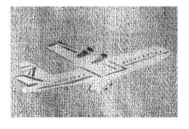

肩背包與
後背包

◎材料

【肩背包】

布料…素面亞麻布（表袋布、提把）
長110cm、寬80cm、斜紋亞麻布（側邊
布、拼貼布）60×30cm、印花布（裡
袋布、裡側邊布）70×70cm

圓繩…（提把的內襯）粗1cm 長160cm

亞麻織帶…長30cm、寬1cm

安全別針…長5cm 1個

型染印顏料…適量

【後背包】

布料…素面亞麻布（表袋下布）60×
20cm、斜紋亞麻布（表袋上布、肩
帶、拼貼布）70×40cm、小格紋布
（裡袋布）60×30cm

圓繩…粗1cm 長70cm

亞麻織帶…長10cm、寬1cm

極細毛線、型染印顏料…各適量

＊縫製之前先在拼貼布印上型染印。

＊後背包適合身高110cm以下的小朋友使
用。

＊型染印的圖案在p.31

肩背包

〔製圖〕

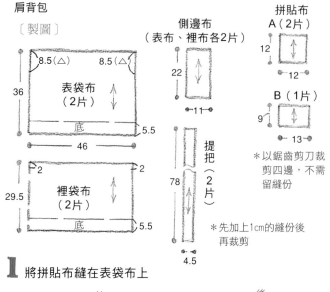

側邊布
（表布、裡布各2片）

拼貼布
A（2片）

B（1片）

提把
（2片）

＊以鋸齒剪刀裁
剪四邊，不需
留縫份

＊先加上1cm的縫份後
再裁剪

1 將拼貼布縫在表袋布上

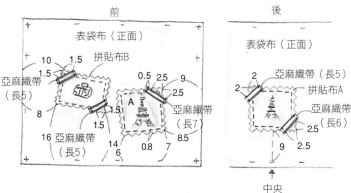

2 將側邊布和表袋布、
　　裡袋布縫在一起

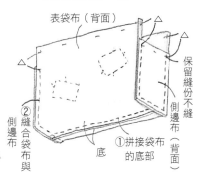

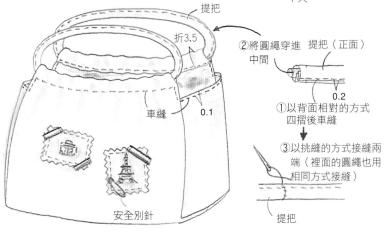

②將圓繩穿進 提把（正面）
中間

①以背面相對的方式
四摺後車縫

③以挑縫的方式接縫兩
端（裡面的圓繩也用
相同方式接縫）

後背包

〔製圖〕

表袋上布（1片）
2.5
11
圓繩穿口3
對摺處
25

肩帶（2片）
2.5
27
圓繩穿口3
裡袋布
（1片）
對摺處
35
25
對摺處
1.5

表袋下布
（1片）
16
對摺處
25

拼貼布（1片）
7
11
對摺處

＊先加上1cm的
縫份後再裁剪

＊以鋸齒剪刀裁剪四邊，不需
留縫份。四邊用毛線縫上裝
飾線

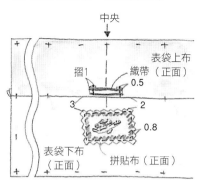

1 拼接表袋布，縫上拼貼布

中央
表袋上布
摺1
織帶（正面）
0.5
3
2
0.8
表袋下布
（正面）
拼貼布（正面）

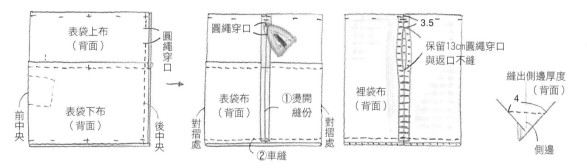

2 縫合表袋布、裡袋布的後中央線，縫合底部

表袋上布
（背面）
圓繩穿口
表袋下布
（背面）
前中央
後中央

圓繩穿口
表袋布
（背面）
①燙開縫份
對摺處
②車縫

3.5
保留13cm圓繩穿口
與返口不縫
裡袋布
（背面）
對摺處

縫出側邊厚度
（背面）
4
側邊

3 對齊表袋、裡袋，縫合袋口後，翻至正面，
以挑縫縫合返口，在袋口車縫壓縫線

裡袋（正面）
0.2
2.5
3
表袋
（正面）

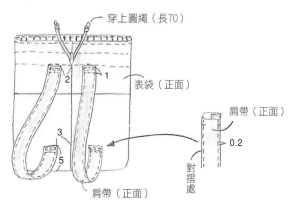

4 縫製肩帶，並將肩帶縫在袋子上

穿上圓繩（長70）
2
1
表袋（正面）
3
5
肩帶（正面）
肩帶（正面）
0.2
對摺處

夾扣包

clasp bag

小巧的夾扣包上，有著優雅的花朵印染圖案。
亞麻與蘇格蘭格紋兩種不同的布料，方便搭配各種款式的衣服，
到附近走走的時候，最適合帶上這一款夾扣包了。

how to make
page
60

布（亞麻）/HOBBYRA HOBBYRE

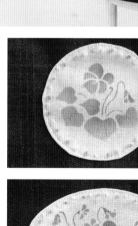

夾扣包

◎材料
【亞麻（大）】
布料…亞麻布（表袋布）、圓點花紋布
（裡袋布、內口袋）各40×60cm；小
格紋布（拼貼布）10×10cm
夾扣…方形寬15cm 1個
皮革提把（附彈簧扣）…長33cm 1條
波浪形織帶……長30cm、寬0.3cm
接著襯……40×60cm
型染印顏料……適量
【亞麻（小）】
布料…亞麻布（表袋布）、圓點花紋布
（裡袋布、內口袋）各30×40cm；小
格紋布（拼貼布）10×10cm
夾扣…方形寬15cm 1個
皮革提把（附彈簧扣）…長19cm 1條
波浪形織帶…長30cm、寬0.3cm
接著襯…30×40cm
型染印顏料…適量
【蘇格蘭格紋（大）】
布料…蘇格蘭格紋布（表袋布）、圓點
花紋布（裡袋布、內口袋）各40×60
cm；亞麻布（拼貼布）20×10cm
夾扣…方形寬15cm 1個
緞帶…寬1cm的花紋緞帶、寬1.3cm的格
紋緞帶（提把）各40cm
活動扣環…3.5cm 2個
接著襯…40×60cm
25號刺繡線、型染印顏料…各適量
【蘇格蘭格紋（小）】
布料…蘇格蘭格紋布（表袋布）、印花
布（裡袋布、內口袋）各30×40cm；
亞麻布（拼貼布）10×10cm
夾扣…方形寬15cm 1個
緞帶…寬1cm的花紋緞帶、寬1.3cm的格
紋緞帶（提把）各30cm
活動扣環…3.5cm 2個
接著襯…30×40cm
25號刺繡線、型染印顏料…各適量

*縫製之前先在拼貼布上型染印。

夾扣包
〔製圖〕

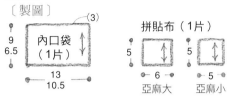

*兩個並排的數字中，上面代表大夾扣包的尺寸、下面
代表小夾扣包，只有一個則為共通尺寸
*先加上（　）內的縫份後再裁剪。未指定之縫份為
1cm

1 縫合表袋布、裡袋布

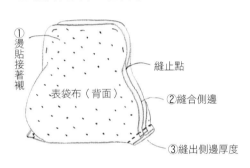

2 裝上夾扣

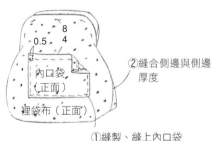

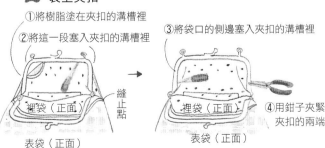

3 縫製、縫上拼貼布及提把

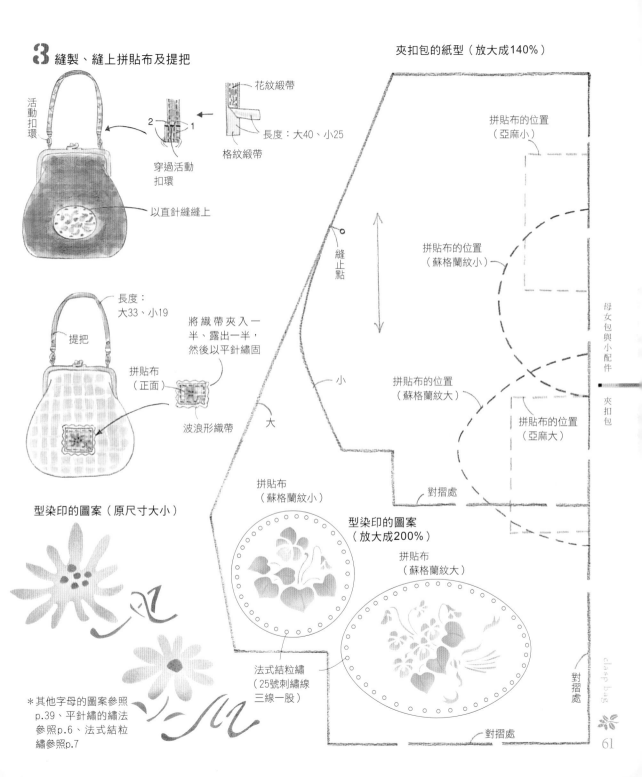

活動扣環

花紋緞帶

長度：大40、小25

格紋緞帶

2 ← 1

穿過活動扣環

以直針縫縫上

長度：大33、小19

提把

將織帶夾入一半、露出一半、然後以平針繡固

拼貼布（正面）

波浪形織帶

型染印的圖案（原尺寸大小）

*其他字母的圖案參照p.39、平針繡的繡法參照p.6、法式結粒繡參照p.7

夾扣包的紙型（放大成140%）

拼貼布的位置（亞麻小）

拼貼布的位置（蘇格蘭紋小）

縫上點

小

大

拼貼布的位置（蘇格蘭紋大）

拼貼布的位置（亞麻大）

對摺處

拼貼布（蘇格蘭紋小）

型染印的圖案（放大成200%）

拼貼布（蘇格蘭紋大）

法式結粒繡（25號刺繡線三線一股）

對摺處

對摺處

對摺處

母女包與小配件

夾扣包

clasp bag

61

外出組合包

tote bag, flat bag, skirt, wallet

有著雪花結晶、小野花印染圖案的購物袋、手提袋、零錢
包,組合成一整套外出袋。
另外再用與購物袋相同的布料,縫製小朋友穿的裙子,帶
著孩子開心一起出門去。

63

外出組合包

◎材料

廚房擦拭布…（購物袋、裙子、手提袋的拼接布、提把）45×60cm 3片

布料…亞麻布（手提袋的袋布、大小零錢包的表袋布）50×50cm；印花布（大小零錢包的裡袋布）30×30cm

斜紋織帶…長60cm、寬2.5cm（購物袋的提把）、長10cm、寬2cm（手提袋的名條）

鬆緊帶…長40cm、寬0.6cm

夾扣…圓形寬8cm、寬5cm各1個

接著襯…30×30cm（大小零錢包的表袋布）

型染印顏料……適量

＊零錢包在縫製之前先印上型染印，其餘則在縫製之前或之後印上型染印均可。

＊裙子適合身高100～110cm的小朋友。

購物袋

〔製圖〕

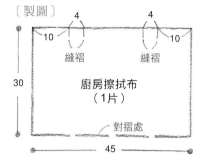

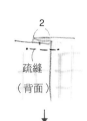

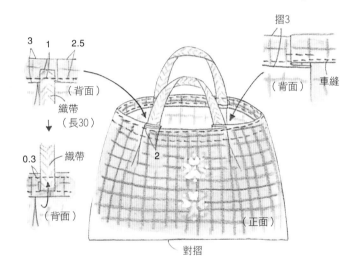

型染印的圖案
（原尺寸大小）

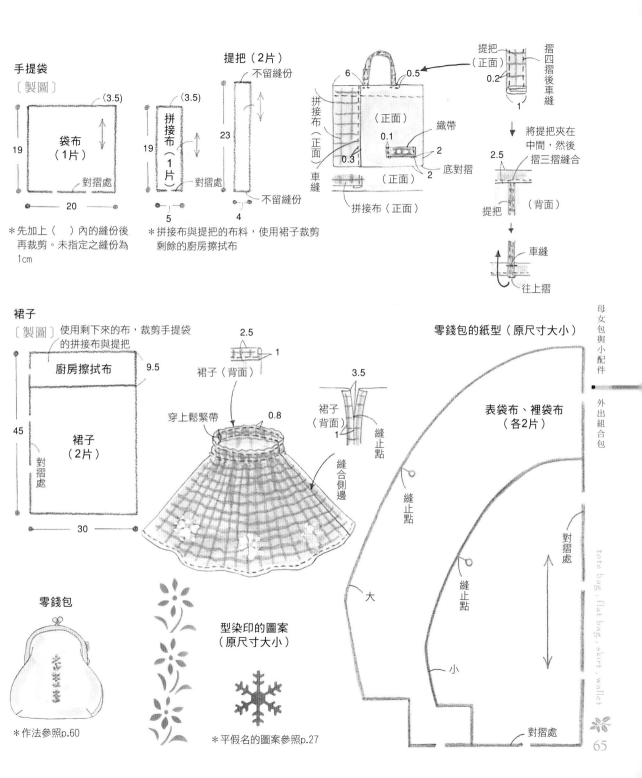

手提袋
〔製圖〕

袋布
（1片）

19

20
(3.5)

對摺處

提把（2片）

拼接布
（1片）

19
(3.5)

對摺處

5

23

4

不留縫份

不留縫份

提把
（正面）

摺四摺後車縫

0.2

1

將提把夾在
中間，然後
摺三摺縫合

2.5

提把

（背面）

車縫

往上摺

6

0.5

拼接布
（正面）

（正面）

0.1

0.3

織帶

2

2

底對摺

（正面）

車縫

拼接布（正面）

2

＊先加上（　）內的縫份後
　再裁剪。未指定之縫份為
　1cm

＊拼接布與提把的布料，使用裙子裁剪
　剩餘的廚房擦拭布

裙子
〔製圖〕使用剩下來的布，裁剪手提袋
　　　　的拼接布與提把

廚房擦拭布

9.5

裙子
（2片）

45

對摺處

30

2.5

1

裙子（背面）

穿上鬆緊帶

0.8

3.5

裙子
（背面）

1

縫止點

縫合側邊

零錢包的紙型（原尺寸大小）

表袋布、裡袋布
（各2片）

縫止點

對摺處

大

縫止點

小

對摺處

零錢包

＊作法參照p.60

型染印的圖案
（原尺寸大小）

＊平假名的圖案參照p.27

母女包與小配件

外出組合包

tote bag , flat bag , skirt , wallet

65

親子打掃穿搭組合

apron, babushka, broom cover

有如親子裝的圍裙及三角頭巾，
上面有著可愛的俄羅斯娃娃。
掃帚上面套著同款式的罩子，
彷彿能讓打掃時光更快樂。

how to make page 68

布（印花布）／HOBBYRA HOBBYRE

親子打掃穿搭組合

◎材料

布料…亞麻布（小朋友的圍裙，媽媽的圍裙及口袋、繩帶、三角頭巾的基底布、掃帚套的基底布）長120cm、寬110cm；印花布（A布）30×10cm、印花布（C布）10×10cm、印花布（D布）50×10cm、印花布（E布）20×10cm、印花布（G布） 10×10cm、印花布（I布）30×10cm、條紋布（B布） 10×10cm、條紋布（H布） 20×10cm、小格紋布（F布）60×10cm、圓點布（J布）60×10cm

型染印顏料…適量

＊在縫製之前或之後印上型染印均可。
＊媽媽的圍裙是Free Size，小朋友的圍裙適合身高100～110cm的小朋友穿戴，三角頭巾適合頭圍55cm左右的人使用。

媽媽的圍裙

〔製圖〕

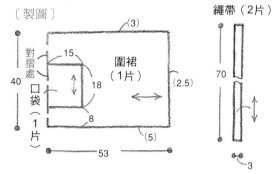

繩帶（2片）

口袋口的邊布（各1片）

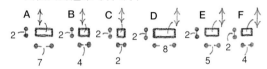

＊先加上（ ）內的縫份後再裁剪。未指定之縫份為1cm

I 將邊布縫在口袋口

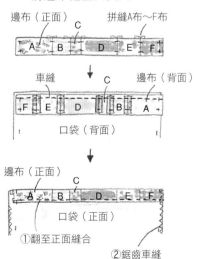

邊布（正面）　　拼縫A布～F布

車縫　　　　C　　邊布（背面）

口袋（背面）

邊布（正面）　　C

口袋（正面）

①翻至正面縫合
②鋸齒車縫

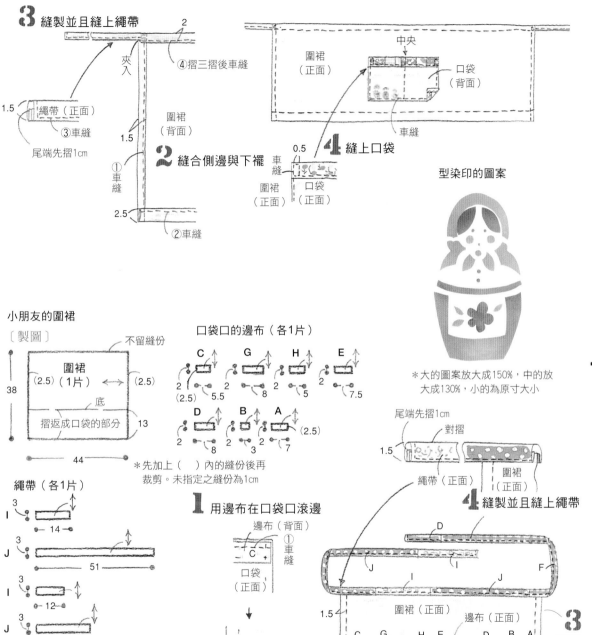

3 縫製並且縫上繩帶

2

④摺三摺後車縫

夾入

繩帶（正面）
1.5
③車縫
尾端先摺1cm

①車縫
1.5

圍裙（背面）

2.5

2 縫合側邊與下襬

②車縫

圍裙（正面）

中央

圍裙（正面）

口袋（背面）

車縫

0.5

4 縫上口袋

車縫

圍裙（正面）

口袋（正面）

型染印的圖案

＊大的圖案放大成150%，中的放大成130%，小的為原寸大小

小朋友的圍裙

〔製圖〕

不留縫份

圍裙（2.5）（1片）（2.5）

底

摺返成口袋的部分

38

13

44

＊先加上（　）內的縫份後再裁剪。未指定之縫份為1cm

口袋口的邊布（各1片）

C
2　　5.5
(2.5)

G
2　　8

H
2　　5

E
2　　7.5

D
2　　8

B
2　　3

A
(2.5)　7

繩帶（各1片）

I
3
14

J
3
51

I
3
12

J
3
23

F
3
52

D
3
8

1 用邊布在口袋口滾邊

邊布（背面）
①車縫
C
口袋（正面）

↓

邊布（正面）
C
②車縫
口袋（背面）
底對摺處

尾端先摺1cm
對摺
1.5
繩帶（正面）
圍裙（正面）

4 縫製並且縫上繩帶

D

J
I
I
F

J
1.5
圍裙（正面）
邊布（正面）

C　G　H　E　　D　B　A

2

車縫　摺返至正面　車縫

12　　10　　12　　10

3 將側邊摺三摺縫合

三角頭巾

〔製圖〕

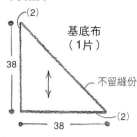

基底布
（1片）

38

38

不留縫份

(2)

(2)

繩帶（各1條）

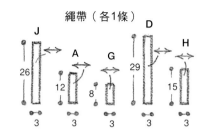

J

26

A

12

G

8

D

29

H

15

3　3　3　3　3

拼貼布（1片）

I

(2)

6.5

(2)

6.5

＊先加上（　）內的縫份後再
　裁剪。未指定之縫份為1cm

1 縫上拼貼布

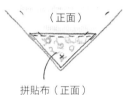

（正面）

拼貼布（正面）

2 摺三摺後車縫

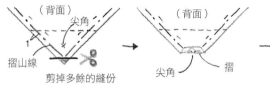

（背面）

尖角

1

摺山線

剪掉多餘的縫份

（背面）

尖角　摺

（背面）

1

尖角

摺三摺後車縫

3 縫上繩帶

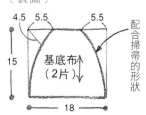

繩帶（正面）

1.5

尾端先摺1cm

②夾在中間後縫合

繩帶（正面）

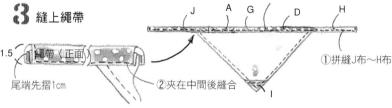

J　A　G　D　H

①拼縫J布～H布

I

掃帚套

〔製圖〕

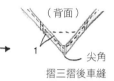

4.5　5.5　　5.5

15

基底布
（2片）

18

配合掃帚
的形狀

1 縫上邊布

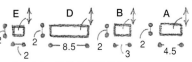

（正面）

③鋸齒車縫

②拼縫邊布，然
後將邊布縫布
基底布上（參
照p.68）

E　　B

D　　A

①拼縫

邊布（各1片）

E　　D　　B　　A

2　　8.5　　2　　4.5
　　　3

2　　2　　2

＊先加上1cm的縫份後再裁剪

2 縫合側邊、上側

②雙摺車縫

（背面）

①縫
合側
邊

（正面）

母女包與小配件

親子打掃穿搭組合

apron , babushka , broom cover

型染印的圖案p.82（放大成120%）

親子作料理穿搭組合

apron, coaster, pot holder, kitchen cloth

媽媽的圍裙是各種身材均適用的沙龍款式,小朋友的則是帶有
胸襠的款式。無論是圍裙或是其他廚房用品,全都印染了女孩
們喜歡的型染印圖案。

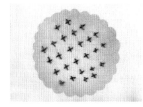

親子作料理穿搭組合

◎材料

布料…亞麻布（媽媽的圍裙與口袋、小朋友的圍裙與口袋、隔熱墊與杯墊的基底布）長110cm、寬90cm；蘇格蘭格紋布（媽媽圍裙的腰帶、繩帶、袋口布、下襬布）長110cm、寬40cm；小格紋布（小朋友圍裙的肩帶、胸襠布、腰帶、荷葉邊、隔熱墊與杯墊的拼接布）長110cm、寬120cm；蜂窩紋棉布（隔熱墊與杯墊的裡布）50×20cm

波浪形織帶…雙色 各長20cm、寬0.4cm

鬆緊帶…1.5cm寬60cm

亞麻織帶…2cm寬10cm

鋪棉…50×20cm

25號刺繡線、型染印顏料…各適量

＊在縫製之前先印上型染印。

＊媽媽的圍裙是Free Size，小朋友的圍裙適合身高100～110cm穿戴。

媽媽的圍裙

〔製圖〕

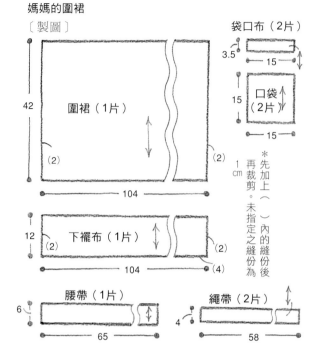

＊先加上（　）內的縫份後再裁剪。未指定之縫份為1cm

1 縫製口袋，並將口袋縫在圍裙上

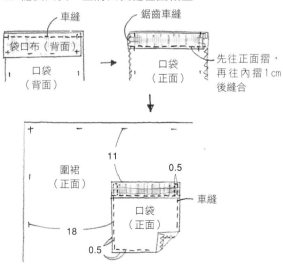

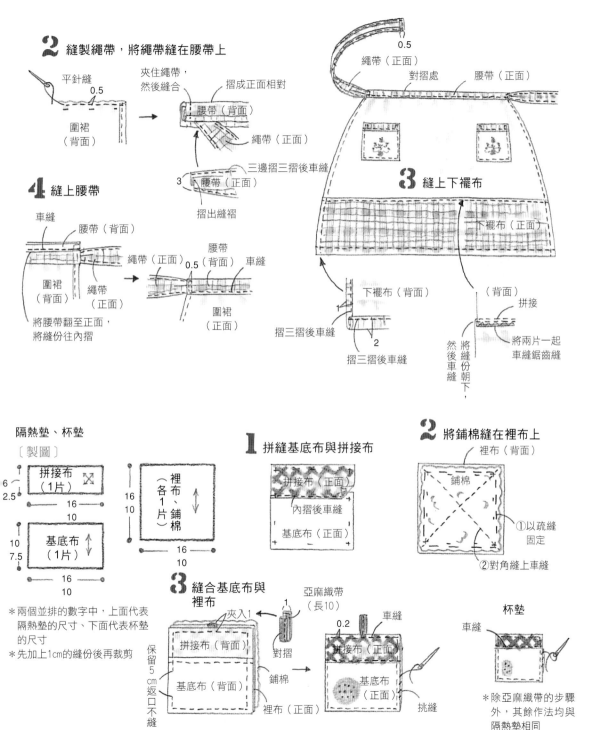

2 縫製繩帶，將繩帶縫在腰帶上

平針縫
0.5

圍裙
（背面）

夾住繩帶，
然後縫合

摺成正面相對
腰帶（背面）

繩帶（正面）

三邊摺三摺後車縫
3 腰帶（正面）

摺出縫褶

0.5
繩帶（正面）

對摺處

腰帶（正面）

下襬布（正面）

3 縫上下襬布

4 縫上腰帶

車縫
腰帶（背面）

圍裙
（背面）

繩帶
（正面）

繩帶（正面）0.5
腰帶（背面）
車縫

圍裙
（正面）

將腰帶翻至正面，
將縫份往內摺

下襬布（背面）

1

摺三摺後車縫

2

摺三摺後車縫

（背面）
拼接
將兩片一起
車縫鋸齒縫

然後車縫，將縫份朝下，

隔熱墊、杯墊

〔製圖〕

拼接布
（1片）
6
2.5
16
10

基底布
（1片）
10
7.5
16
10

裡布、鋪棉
（各1片）
16
10
16
10

＊兩個並排的數字中，上面代表
　隔熱墊的尺寸，下面代表杯墊
　的尺寸
＊先加上1cm的縫份後再裁剪

1 拼縫基底布與拼接布

拼接布（正面）
內摺後車縫
基底布（正面）

2 將鋪棉縫在裡布上

裡布（背面）
鋪棉

①以疏縫
　固定
②對角縫上車縫

3 縫合基底布與
　　裡布

拼接布（背面）
基底布（背面）
鋪棉
裡布（正面）

保留5cm返口不縫

夾入1
對摺

亞麻織帶
（長10）

1

0.2
車縫

拼接布（正面）

基底布
（正面）

挑縫

杯墊

車縫

＊除亞麻織帶的步驟
　外，其餘作法均與
　隔熱墊相同

小朋友的圍裙

〔製圖〕

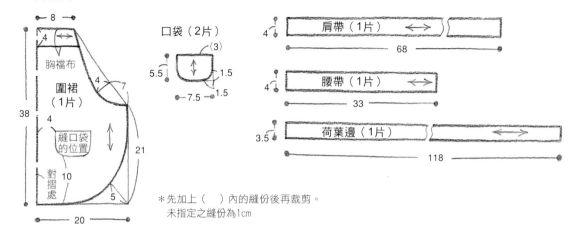

口袋（2片）

（3）

5.5 ↕
7.5 1.5
1.5

胸襠布

圍裙
（1片）

38

4

縫口袋
的位置

對摺處

10

20

8
4

4

7

21

5

肩帶（1片）　←→

4

68

腰帶（1片）　←→

4

33

荷葉邊（1片）　←→

3.5

118

＊先加上（　）內的縫份後再裁剪。
　未指定之縫份為1cm

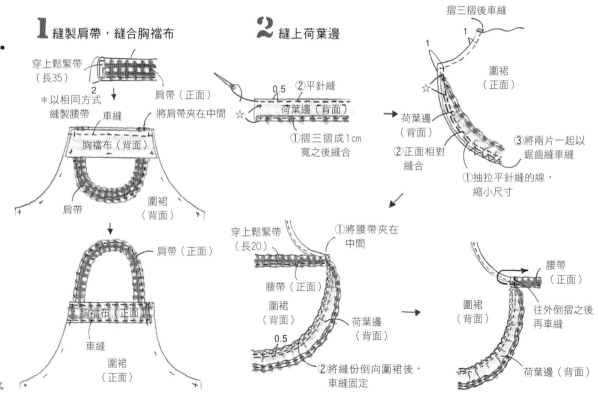

1 縫製肩帶，縫合胸襠布

穿上鬆緊帶
（長35）

＊以相同方式
縫製腰帶

車縫

肩帶（正面）

將肩帶夾在中間

胸襠布（背面）

2

肩帶

圍裙
（背面）

肩帶（正面）

胸襠布（正面）

車縫

圍裙
（正面）

2 縫上荷葉邊

0.5

②平針縫

荷葉邊（背面）

①摺三摺成1cm
寬之後縫合

②正面相對
縫合

摺三摺後車縫

1

1

☆

荷葉邊
（背面）

圍裙
（正面）

③將兩片一起以
鋸齒縫車縫

①抽拉平針縫
的線，
縮小尺寸

穿上鬆緊帶
（長20）

①將腰帶夾在
中間

腰帶（正面）

圍裙
（背面）

荷葉邊
（背面）

0.5

②將縫份倒向圍裙後，
車縫固定

腰帶
（正面）

圍裙
（背面）

往外倒摺之後
再車縫

荷葉邊（背面）

3 縫製口袋，並將口袋縫在圍裙上

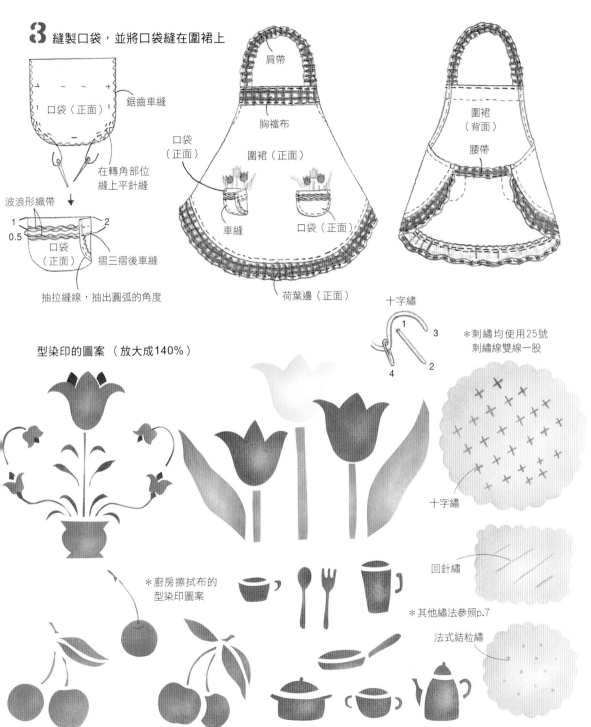

口袋（正面）
鋸齒車縫

在轉角部位
縫上平針縫

波浪形織帶
1
0.5
2
口袋
（正面）
摺三摺後車縫

抽拉縫線，抽出圓弧的角度

肩帶
胸襠布
口袋
（正面）
圍裙（正面）
車縫
口袋（正面）
荷葉邊（正面）

圍裙
（背面）
腰帶

型染印的圖案（放大成140%）

十字繡
1
3
4
2

＊刺繡均使用25號
刺繡線雙線一股

十字繡

回針繡

＊廚房擦拭布的
型染印圖案

＊其他繡法參照p.7

法式結粒繡

旅行用衣物袋

lingerie case

家族旅行及夏令營等活動的必備法寶——旅行用衣物袋。
每個袋子上都印有可愛的衣物圖案,看圖案就知道裡面裝什麼。
而且,最大的袋子還可以當成洗衣袋使用喔。

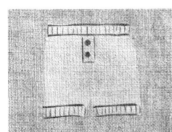

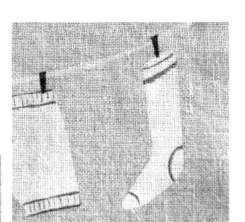

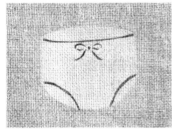

lingerie case

旅行用衣物袋

◎材料

布料···亞麻布（大、小衣物袋的袋布，
洗衣袋的袋布）長180cm、寬49cm
波浪形織帶···長70cm、寬0.6cm（紅
色）、長30cm、寬0.6cm（藏青色）
鈕扣···直徑1.8cm 1個（大的衣物
袋）、直徑1.5cm 2個（小的衣物袋）
斜紋織帶···長30cm、寬2cm
型染印顏料···適量

＊在縫製之前或之後印上型染印均可。

衣物袋

〔製圖〕

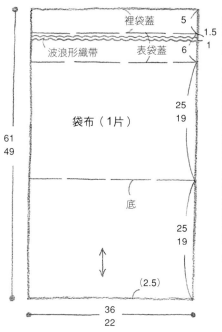

裡袋蓋 5
1.5
1
波浪形織帶 表袋蓋 6
25
19
袋布（1片）
底
25
19
(2.5)
61
49
36
22

＊兩個並排的數字中，上面代表大衣物袋的尺寸、下面代表小衣物袋的尺寸，只有一個則為共通尺寸
＊先加上（ ）內的縫份後再裁剪。未指定之縫份為1cm

1 縫合袋布

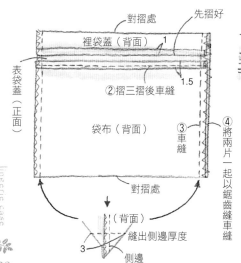

對摺處　先摺好
裡袋蓋（背面） 1
表袋蓋（正面）
1.5
②摺三摺後車縫
袋布（背面）
③車縫
④將兩片一起以鋸齒縫車縫
對摺處
①縫上波浪形織帶
（背面）
縫出側邊厚度
3
側邊

2 縫製袋蓋，縫上線環、鈕扣

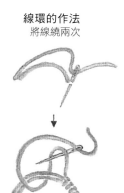

車縫
線環
2
0.5
6
5
中央
縫上鈕扣
（正面）

線環的作法
將線繞兩次

大衣物袋　　　　　　　　　　　　小衣物袋

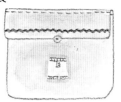

洗衣袋

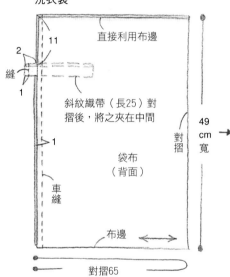

2
縫
1

11

直接利用布邊

斜紋織帶（長25）對
摺後，將之夾在中間

1

袋布
（背面）

車
縫

布邊　　←→

對摺

49
cm
寬

→

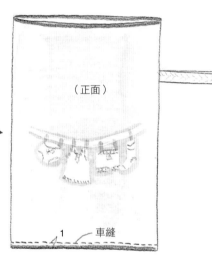

（正面）

1　車縫

對摺65

型染印的圖案（放大成140%）

旅行組

lingerie case, shoes bag, sack

大、中、小旅行袋組合而成的旅行組，上面印有字母的縮寫。
大的袋子可放室內鞋，小的袋子則可以收納
化妝品之類的小物，非常方便。

how to make
page
83

旅行組

◎材料

布料…亞麻布（大、中、小旅行袋的袋布）70×80cm

斜紋織帶…長280cm、寬1cm

25號刺繡線、型染印顏料…各適量

＊在縫製之前或之後印上型染印均可。

〔製圖〕

大、中旅行袋 　　　　　小旅行袋

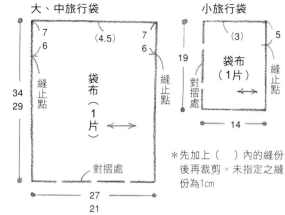

＊先加上（　）內的縫份後再裁剪。未指定之縫份為1cm

＊兩個並排的數字中，上面代表大旅行袋的尺寸，下面代表中旅行袋，只有一個則為共通尺寸

1 縫合側邊

2 縫製開口

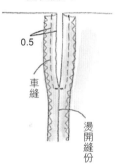

3 縫製袋口

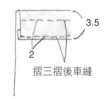

摺三摺後車縫

大旅行袋

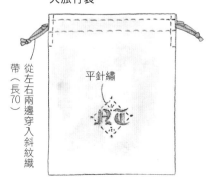

中旅行袋

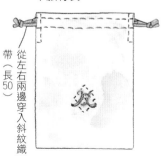

小旅行袋

＊小旅行袋的作法參照p.13，型染印的圖案參照p.31、45、71，平針繡的繡法參照p.6

母女包與小配件

旅行組

lingerie case . shoes bag . sack

83

方便收納整理的
創意小物

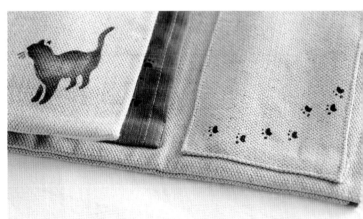

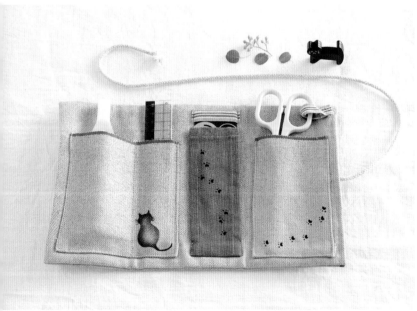

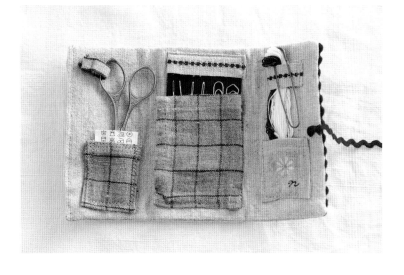

工具包與裁縫包

tool case, sewing case

剪刀、直尺之類的文具，全都可以收納在這個工具包裡，
正中間的磁鐵片，能將迴紋針緊緊吸住。
而裁縫包同樣也運用了磁鐵片，可用來收納縫紉用的針。

工具包與
裁縫包

◎材料

【工具包】

布料…帆布（基底布、大小口袋）長
75cm、寬40cm；丹寧布（磁鐵片的外
罩、包扣布）5×20cm

亞麻織帶…長20cm、寬1.5cm

圓繩…粗0.4cm 長70cm

包扣…直徑2.8cm 1個

暗扣…小的1組

磁鐵片…5×20cm

型染印顏料…適量

【裁縫包】

布料…素面亞麻布（基底布、口袋）
50×30cm；格紋亞麻布（剪刀口袋、
磁鐵片的外罩）20×20cm

亞麻織帶…長20cm、寬1.6cm；長10
cm、寬1cm

波浪形織帶…長60cm、寬0.6cm

包扣…直徑2.3cm 1個

暗扣…小的1組

接著襯…50×20cm

磁鐵片…5×10cm

極細毛線、標籤布、型染印顏料…各
適量

＊在縫製之前或之後印上型染印均可。

裁縫包

〔製圖〕

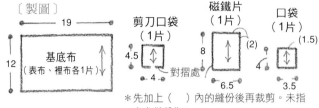

＊先加上（　）內的縫份後再裁剪。未指
　定之縫份為1cm

1 將口袋縫在裡布上

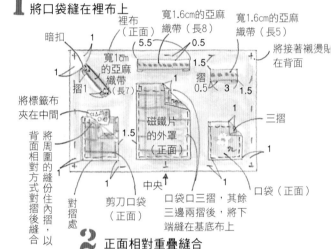

2 正面相對重疊縫合

3 翻至正面，縫上波浪形織帶

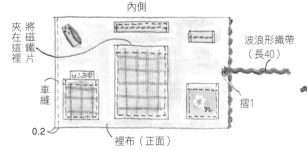

4 縫上包扣

工具包

〔製圖〕

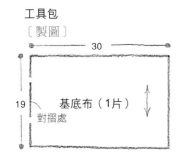

30

19

基底布（1片）

對摺處

小口袋
（1片）

8

13

布邊

大口袋
（1片）

12

13

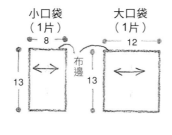

磁鐵片的外罩
（1片）

14

5

（2）　（2）

＊先加上（　）內的縫份
　後再裁剪。未指定之縫
　份為1cm

1 縫製口袋，將口袋縫在基底布

縫合

將三邊三摺

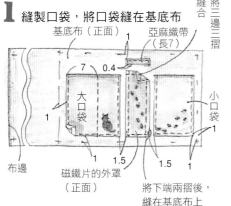

基底布（正面）
亞麻織帶
（長7）

7　　0.4

1

大口袋

1

布邊

小口袋

1

1.5　　1.5　　1

磁鐵片的外罩
（正面）

將下端兩摺後，
縫在基底布上

2 縫合基底布

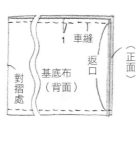

1　車縫

對摺處

基底布
（背面）

返口

（正面）

3 縫上包扣

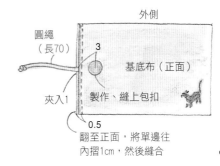

外側

圓繩
（長70）

3

基底布（正面）

夾入1

製作、縫上包扣

0.5

翻至正面，將單邊往
內摺1cm，然後縫合

創意小物

工具包與裁縫包

型染印的圖案
（原尺寸大小）

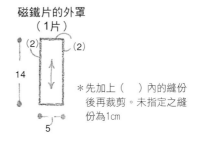

內側
插入

摺1

亞麻織帶
（長11）

暗扣

基底布
（正面）

磁鐵片

往內摺1cm，
然後縫合

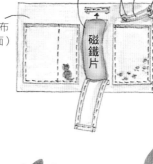

雛菊繡
毛線單線一股）

＊字母的圖案參照p.39，
　雛菊繡的繡法參照p.27

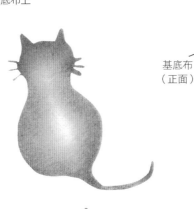

tool case , sewing case

87

工具盒
tool box

簡單又華麗的布製工具盒，只要利用糖果盒之類的空盒，
就能變身為時髦的收納盒，可用來收納碎布、
緞帶等小玩意。

how to make page 89

工具盒

◎材料
※工具盒的材料與作法在p.90

【剪刀套與剪刀吊飾】
布料…亞麻布（剪刀套的前片及後片、
口袋、剪刀吊飾）30×20cm
波浪形織帶…長60cm、寬0.6cm
厚紙板…20×20cm
亞麻織帶…長20cm、寬0.4cm
棉花…少許
小圓珠、粗毛線、25號刺繡線、型染印
顏料…各適量

＊在縫製之前先印上型染印。

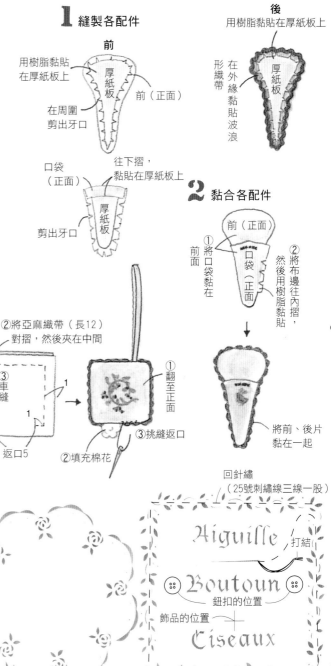

剪刀套

1 縫製各配件

前
用樹脂黏貼
在厚紙板上
厚紙板
前（正面）
在周圍
剪出牙口

口袋
（正面）
厚紙板
剪出牙口
往下摺，
黏貼在厚紙板上

後
用樹脂黏貼在厚紙板上
厚紙板
在外緣黏貼波浪形織帶

2 黏合各配件
前（正面）
①將口袋黏在前面
口袋（正面）
②將布邊往內摺，然後用樹脂黏貼

將前、後片黏在一起

回針繡
（25號刺繡線三線一股）

Aiguille
Boutoun
鈕扣的位置
飾品的位置
Ciseaux

打結

剪刀吊飾

〔製圖〕
7
7
（2片）

＊先加上1cm的縫份
後再裁剪

用疏縫固定
波浪形織帶

（正面）
重疊1

②將亞麻織帶（長12）
對摺，然後夾在中間
2
③車縫
1
1
1
①正面相對重疊
返口5

①翻至正面
②填充棉花
③挑縫返口

型染印的圖案
（放大成200%）

回針繡
（毛線單線一股）
縫上
小圓珠
＊回針繡的繡法參照p.7

剪刀套的紙型
（放大成200%）

基底　（0.7）
（前、後各1片，
厚紙板2片）
（1）
xxxxxxx
（0.7）

口袋（表布、
厚紙板各1片）

（　）內的數字是塗抹樹脂的縫份

創意小物

工具盒

tool box

89

工具盒（圓布盒）的作法

材料與工具

① 糖果盒之類的空盒
② 平筆
③ 樹脂
　　※鈕扣、飾品、25號刺繡
　　線、波浪形織帶、型染繪顏
　　料…各適量

備妥紙張

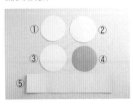

① 外蓋
② 內蓋
③ 內底
④ 外底
⑤ 內側面
　　※①、②、③、⑤使用牛皮
　　紙之類的厚紙，④使用美術
　　紙
　　※①、②的尺寸請測量蓋子
　　的直徑，③、④則測量盒底
　　的直徑

備妥布料

① 外蓋（先印好型染印、繡好
　　圖案）
② 蓋子的側面
③ 內蓋
④ 本體的外側面
⑤ 內底
⑥ 本體的內側面
　　※①～⑤依紙張的大小，
　　分別加上1cm的縫份後再裁
　　剪。⑥的縫份則是兩端及下
　　端各1cm，上端為蓋子的深
　　度＋1cm縫份。
　　※鋪棉的尺寸與與內蓋相同

1 用平筆在整個盒子的側面
（外側）塗上樹脂。黏貼本
體外側面的其中一邊。

2 用滾動盒子的方式，將布料
黏在盒子上。

3 將布邊折入1cm，塗上樹脂
黏貼。

4 依照步驟1～3的方式，黏
貼蓋子的側面。蓋子、側面
的縫份都往內摺，然後塗抹
樹脂黏貼。

5 用樹脂將紙張黏在內蓋。以
各1cm的間隔在縫份剪出牙
口。

6 在縫份塗上樹脂之後，往內
側摺，黏貼固定。

7 用樹脂將**6**黏在蓋子的內側。

8 將相同尺寸的鋪棉，放在外蓋的紙上，並用樹脂稍微固定。

9 將**8**（鋪棉朝下）放在外蓋的背面。

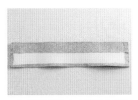

10 在縫份部位塗上樹脂，往內摺，黏貼固定

11 用樹脂將**10**的外蓋黏貼在**4**的上面

12 將紙黏在內底，接著再用樹脂將布黏在上面。

13 將紙張黏在本體的內側面布上。

14 用樹脂將內側面黏貼在盒子的內側。

15 將美術紙黏在外底。

16 大功告成。

四方盒的作法

1 基本的作法和圓盒相同。黏好側面往內摺入時，將邊角的縫份剪掉一小角。

2 往內摺之後，用樹脂黏貼固定。

給第一次嘗試型染印的人

以下以第4頁的手提袋為學習範例。
首先是「製作型染版」。一個型染版完成後，可以重複使用無數次，因此可描出完全一致的圖形。
接下來再「著手印染」。在掌握要領之前，可先用剩布練習看看。

製作型染版

◎用具準備

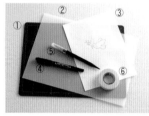

① 切割墊
② 耐水性描圖紙
③ 圖案
④ 油性筆
⑤ 切割刀
⑥ 和紙膠帶

1 從書本描下來的圖案上，疊上耐水性的描圖紙，用和紙膠帶固定後，再用油性筆描繪圖案。

2 描好的圖案。

3 將描好圖案的描圖紙，放在切割墊上，然後用切割刀沿著線條切割（翻至背面可更容易看清線條）。

4 型染版完成。

5 將型染版放在個人喜好的位置上，然後用和紙膠帶固定。

印染

◎用具準備

① 布用油墨（印台）
② 和紙膠帶
③ 紙巾
④ 調色紙
⑤ 型染筆

1 將型染筆沾滿布用油墨，然後在紙巾上擦一擦，擦掉多餘的油墨。這個步驟非常重要。

2 從型染版的邊緣開始，將型染筆豎直，以敲打的方式上色，這就是型染印。

3

上好一色後，接著在
上面疊上其他顏色，
可營造不同的感覺。

4

在不同顏色的部位，
先貼上和紙膠帶，以
避免顏色混雜。

5

移動和紙膠帶，刷上
別的顏色。

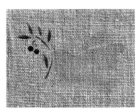

6

大功告成。待油墨完
全乾燥後，墊上一塊
布，然後用熨斗熨燙
（使用該布料適合的
溫度）。

多色印染時，使用不同的型染版

1

本例是將草莓的果實和花朵、
葉子、種子，分類成兩種型染
版。需要挖空的線採用實線，
兩個版型重疊的線（不挖空的
線）則以虛線區分。

2

先印上草莓的果實（紅色底
色）與花朵。

3

第一版印染完成後。

4

將第二版與第一版對齊虛線，
然後再印染。

5

大功告成。

*在印染之前，先將布料水洗、去漿

給第一次嘗試型染印的人　製作型染版・印染

how to make stencils

布料專用顏料的使用方式

將顏料一點一點放
在調色紙上，利用
攪拌棒之類的工具
充分調合，調出個
人喜好的色彩。

布料專用顏料（Setacolor）

型染筆的保養方式

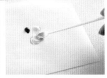

更換顏色的時候，
先用水將型染筆完
全沖洗乾淨，然後
用毛巾將水分徹底
擦乾。

國家圖書館出版品預行編目資料

就是愛親子手作包：超特別彩繪型染印 / 塚田紀子
　作；王慧娥譯. – 初版. – 臺北縣新店市：世茂, 2010.05
　面；公分. --（手工藝品系列；15）

　ISBN 978-986-6363-50-4（平裝）

　1. 手提袋　2. 手工藝　3. 印染

426.7　　　　　　　　　　　　　　　　99005032

手工藝品系列 15

就是愛親子手作包——超特別彩繪型染印

作　　者／塚田紀子
譯　　者／王慧娥
主　　編／簡玉芬
責任編輯／林雅玲
出 版 者／世茂出版有限公司
負 責 人／簡泰雄
地　　址／(231)台北縣新店市民生路19號5樓
電　　話／(02)2218-3277
傳　　真／(02)2218-3239（訂書專線）、(02)2218-7539
劃撥帳號／19911841
戶　　名／世茂出版有限公司
　　　　　單次郵購總金額未滿500元（含），請加50元掛號費
酷 書 網／www.coolbooks.com.tw
排版製版／辰皓國際出版製作有限公司
印　　刷／祥新印刷股份有限公司
初版一刷／2010年5月

I S B N／978-986-6363-50-4
定　　價／260元

讀 者 回 函 卡

感謝您購買本書，為了提供您更好的服務，歡迎填妥以下資料並寄回，
我們將定期寄給您最新書訊、優惠通知及活動消息。當然您也可以E-mail：
Service@coolbooks.com.tw，提供我們寶貴的建議。

您的資料（請以正楷填寫清楚）

購買書名：_____

姓名：_____　生日：_____年____月____日

性別：□男 □女　　E-mail：_____

住址：□□□_____縣市_____鄉鎮市區_____路街
　　　　_____段_____巷_____弄_____號_____樓

　　　聯絡電話：_____

職業：□傳播 □資訊 □商 □工 □軍公教 □學生 □其他：_____

學歷：□碩士以上 □大學 □專科 □高中 □國中以下

購買地點：□書店 □網路書店 □便利商店 □量販店 □其他：_____

購買此書原因：____ ____ ____ ____ ____（請按優先順序填寫）
1封面設計　2價格　3內容　4親友介紹　5廣告宣傳　6其他：_____

本書評價：____ 封面設計 1非常滿意 2滿意 3普通 4應改進
　　　　　____ 內　容 1非常滿意 2滿意 3普通 4應改進
　　　　　____ 編　輯 1非常滿意 2滿意 3普通 4應改進
　　　　　____ 校　對 1非常滿意 2滿意 3普通 4應改進
　　　　　____ 定　價 1非常滿意 2滿意 3普通 4應改進

給我們的建議：------------------------------------

傳真：（02）22187539

電話：（02）22183277

用心聆聽‧專業諮詢

生活智慧‧盡在掌握

廣告回函
北區郵政管理局登記證
北台字第９７０２號
免貼郵票

231台北縣新店市民生路19號5樓

世茂
世潮 出版有限公司 收
智富